Dreamweaver CS6 网页设计与实训

主 编 蔡鸿璋 陈国升

版权专有　侵权必究

图书在版编目（CIP）数据

Dreamweaver CS6网页设计与实训/蔡鸿璋，陈国升主编．—北京：北京理工大学出版社，2018.3（2022.8重印）

ISBN 978-7-5682-5465-6

Ⅰ．①D… Ⅱ．①蔡… ②陈… Ⅲ．①网页制作工具 Ⅳ．①TP393.092.2

中国版本图书馆CIP数据核字（2018）第060179号

出版发行 / 北京理工大学出版社有限责任公司	
社　　址 / 北京市海淀区中关村南大街5号	
邮　　编 / 100081	
电　　话 / （010）68914775（总编室）	
（010）82562903（教材售后服务热线）	
（010）68948351（其他图书服务热线）	
网　　址 / http：//www.bitpress.com.cn	
经　　销 / 全国各地新华书店	
印　　刷 / 定州市新华印刷有限公司	
开　　本 / 787毫米×1092毫米　1/16	
印　　张 / 12	责任编辑 / 王美丽
字　　数 / 268千字	文案编辑 / 孟祥雪
版　　次 / 2018年3月第1版　2022年8月第6次印刷	责任校对 / 周瑞红
定　　价 / 35.00元	责任印制 / 边心超

图书出现印装质量问题，请拨打售后服务热线，本社负责调换

前 言
PREFACE

  基于网络目前发挥的重要作用,更基于网络在将来的无限潜力,网站受到了社会各个领域的重视。政府机构需要利用网站公布政府信息,以增强政府透明度,同时方便行政管理;商业企业需要利用网站来树立企业形象,发布产品信息,开拓国内外市场;个人也可以利用网站来彰显个性,展示自我。网站对人们的交流、沟通起着极其重要的作用。

  Dreamweaver是在网页设计与制作领域中用户最多、应用最广、功能最强的软件,随着Dreamweaver CS6的发布,更坚定了Dreamweaver在该领域的地位。它集网页设计、网站开发和站点管理功能于一身,具有可视化、支持多平台和跨浏览器的特性,是目前网站设计、开发、制作的首选工具。

  本书全面系统地介绍了Dreamweaver CS6的基本操作方法和网页设计制作技巧,包括初识Dreamweaver CS6、文本与文档、图像和多媒体、超级链接、使用表格、ASP、使用层、CSS样式、模板和库、表单的使用、使用行为、网页代码、商业案例实训等内容。

  本书内容均以课堂案例为主线,通过对各案例的实际操作,学生可以快速上手,熟悉软件功能和艺术设计思路。书中的软件功能解析部分使学生能够深入学习软件功能。课堂练习和课后习题,可以拓展学生的实际应用能力,提高学生的软件使用技巧。商业案例实训,可以帮助学生快速地掌握商业网页的设计理念和设计元素,顺利达到实战水平。

  由于本书篇幅有限,加之时间仓促,书中难免错漏之处,恳请广大用户和读者批评指正、不吝赐教。

编　者

目 录
CONTENTS

第1章 初始网页与Dreamweaver CS6 ... 001
1.1 认识网页与网站 ... 001
1.2 网站制作流程 ... 003
1.3 优秀网站欣赏 ... 005
1.4 认识Dreamweaver CS6 ... 007

第2章 站点的建立与管理 ... 010
2.1 规划站点结构 ... 010
2.2 站点的建立与管理 ... 012
2.3 上机实训——"个人博客"站点的规划与建立 ... 014

第3章 新建文档与对象 ... 015
3.1 网页的基本操作 ... 015
3.2 使用文本与特殊字符 ... 019
3.3 插入列表与其他网页元素 ... 020
3.4 使用图像 ... 022
3.5 设置页面属性 ... 023
3.6 上机实训——"唐诗"网站的制作 ... 024

第4章 超级链接 ... 032
4.1 超级链接概述 ... 032
4.2 各类链接的制作 ... 034
4.3 上机实训——"四川旅游网"的链接制作 ... 035

目 录

第5章 表格处理与网页布局 — 040
- 5.1 使用表格 …… 040
- 5.2 设置表格与单元格的属性 …… 045
- 5.3 使用表格布局页面 …… 071
- 5.4 上机实训 …… 080

第6章 制作表单页面 — 082
- 6.1 初始表单 …… 082
- 6.2 Spry构件的应用 …… 098
- 6.3 上机实训 …… 104

第7章 使用CSS样式 — 105
- 7.1 CSS概述 …… 105
- 7.2 创建和使用CSS样式 …… 108
- 7.3 编辑CSS样式 …… 115
- 7.4 上机实训案例——使用CSS制作动态菜单 …… 116

第8章 使用库和模板 — 121
- 8.1 模板的优势 …… 121
- 8.2 创建模板 …… 121
- 8.3 创建模板可编辑区域 …… 124
- 8.4 创建模板重复区域 …… 126
- 8.5 创建模板可选区域 …… 128
- 8.6 模板的应用 …… 129
- 8.7 库 …… 130
- 8.8 本章小结 …… 131
- 8.9 上机实训 …… 131

第9章 框架 — 136
- 9.1 框架结构概述 …… 136
- 9.2 框架的创建 …… 137
- 9.3 向框架中添加内容 …… 139
- 9.4 创建嵌套框架集 …… 140

9.5 保存框架和框架文件 …………………………… 141
9.6 选择框架和框架集 …………………………… 142
9.7 设置框架和框架集属性 ……………………… 143
9.8 AP Div和"AP元素"面板 ………………… 144
9.9 AP Div的属性设置 …………………………… 145
9.10 AP Div的基本操作 ………………………… 146
9.11 本章小结 …………………………………… 149
9.12 上机实训一 ………………………………… 149
9.13 上机实训二 ………………………………… 151

第10章 创建多媒体网页　154

10.1 插入Flash动画 ……………………………… 154
10.2 插入透明Flash动画 ………………………… 155
10.3 插入FLV视频 ……………………………… 155
10.4 插入声音 …………………………………… 156
10.5 本章小结 …………………………………… 157
10.6 上机实训 …………………………………… 157

第11章 行为的编辑　159

11.1 应用行为 …………………………………… 159
11.2 标准事件 …………………………………… 160
11.3 内置行为 …………………………………… 161
11.4 本章小结 …………………………………… 167
11.5 上机实训 …………………………………… 167

第12章 网页制作常用技巧　171

12.1 网页制作要领 ……………………………… 171
12.2 网页制作规范 ……………………………… 172
12.3 网页配色的原理 …………………………… 177
12.4 网页设计色彩搭配 ………………………… 180
12.5 本章小结 …………………………………… 182

第1章　初始网页与Dreamweaver CS6

　　Dreamweaver CS6是世界顶级软件厂商adobe推出的一套拥有可视化编辑界面，用于制作并编辑网站和移动应用程序的网页设计软件。为了使读者对Dreamweaver网页制作及Dreamweaver CS6有初步了解，本章首先讲解网页与网站的关系，然后介绍网页设计的基本原则以及Dreamweaver CS6工作界面和文档操作等内容。

本章要点 ➪ 　（1）认识网页和网站；
　　　　　　　（2）掌握网站制作流程；
　　　　　　　（3）欣赏优秀网站；
　　　　　　　（4）初始Dreamweaver CS6。

1.1　认识网页与网站

　　随着互联网的普及与发展，网站已逐渐成为政府、企业以及个人对外展示、信息沟通及销售商品最方便、快捷的工具。广大企业、机构纷纷在网上建立Web站点作为自己的营销舞台，以宣传自身形象、推广产品、扩大影响力。网络越来越显示出其强大的媒体优势，并由此产生了网站设计师（Website Designer）和网站管理员（Web Master）等新职业。如何设计和制作出优秀的网站，并吸引尽可能多的人来访问和浏览是值得研究的问题。

　　网页是Internet中最基本的信息单位，是把文字、图形、声音及动画等各种多媒体信息互相链接并表达出来的信息集合。网页一般由网站标志、导航栏、广告栏、信息区和页脚区等组成，如图1.1所示。

　　一般来说，进入一个网站时，首先看到的页面称为该网站的首页。首页只是网站的开场页，单击页面上的文字或图片，即可打开网站的主页，首页也会随之关闭。

　　网站主页与首页的区别是：主页设有网站的导航栏，是所有网页的链接中心。网站的首页与主页通常合二为一，即省略了首页而直接显示主页。网站就是在Internet上通过超级链接的形式构成的相关网页的集合，需要通过网页浏览器来访问网站。

网页和网站的区别：简单来说，网站是由网页集合而成的，网页具体来说是一个HTML文件，浏览器就是用来解读这份文件的，也可以说网站是由许多HTML文件集合而成的。至于要多少网页集合在一起才能称作网站，这没有硬性规定，即使只有一个网页也能被称为网站。

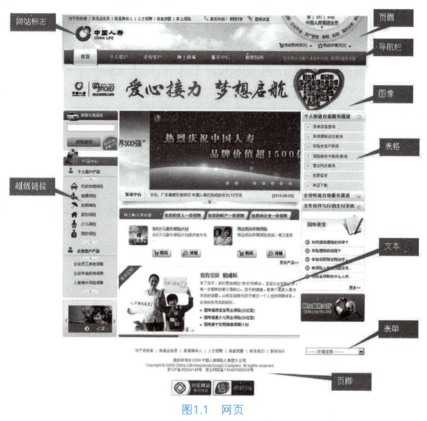

图1.1　网页

网站按照内容和服务对象的不同可以分为以下几种类型：

1．门户网站

所谓门户网站，是指通向某类综合性互联网信息资源并提供有关信息服务的应用系统。门户网站最初提供搜索引擎和网络接入服务，后来由于市场竞争的日益激烈，为了吸引和留住用户，扩展了各种新的业务类型，使得现在的门户网站包罗万象。现在的门户网站主要提供新闻、搜索引擎、网络接入、聊天室、论坛、免费邮箱、电子商务、网络区、网络游戏、免费网页空间等。在我国，有代表性的门户网站有搜狐、网易和新浪。

2．政府网站

政府网站作为一种政府传媒，由各级政府的各个部门主办，就政府各个职能部门或某一方面的情况或信息向公众介绍、宣传或做出说明。现在的政府网站还向电子政务方面发展，很久以前必须通过窗口排队的行政办事方式已逐渐提升为可通过网络提交的方式。网上的政府信息具有专业性、实时性、权威性等特点。如深圳市人力资源和社会保障局网站。

3．学校和科研机构网站

学校和科研机构网站提供一定的技术咨询服务和学术资源共享。这种网站不以盈利为目的，往往是其内部局域网的外延，提供图书馆信息、最新学术动态、科研技术探讨等，以便于资源共享。我们可以通过学校和科研机构网站来访问我国各个高校的主页和图书馆。

4．电子商务网站

电子商务网站主要功能：网上展示商品，网上订购产品，电子支付，物流配送，售前、售中和售后服务，以及市场调查分析、财务核算及生产安排等。如京东网上商城主页。

5．企业网站

对于各企业来说，企业网站可以在全世界范围内宣传、展示自己的公司，发布本公司具有最新时效的商业信息，方便快捷地与各地客户或代理商24小时保持联络，对企业增加业务量、开拓市场等有很大帮助。

6．论坛型网站

论坛型网站也称为BBS系统，是网站的用户之间以及网站的经营者和用户之间进行交流的系统。论坛型网站一般都按不同的主题分为许多版块，版面的设立依据是大多数用户的要求和喜好。用户可以阅读别人关于某个主题的看法，也可以将自己的想法毫无保留地发布到论坛中。如天涯社区论坛。

7．展示宣传型网站

展示宣传型网站以内容展示为重点，用内容吸引人，如文学网站、下载网站、行业信息网站、个人网站等。网站一般通过提供免费服务和免费资源来吸引用户增加访问量，用户可以通过这类网站在网上获取很多免费的资料。如QQ音乐网站。

1.2 网站制作流程

作为网页的集合，网站的类型、主题和风格决定着网站中的各个网页，尤其是主页的设计思路与实现手段。不同类型网站的设计制作过程是不一样的，但大体上都遵循前期策划、网页制作、网站发布与推广以及后期维护这4个步骤。

在制作网页时，首先要清楚建立网站的目的是什么。如果是个人网站，则网页的设计可以围绕个性化来进行；如果是企业网站，则网页的设计应立足于企业形象展示来进行。确定网站主题后，即可组织网站内容，搜集所需的资料，尤其是相关的文本和图片，准备得越充分，越有利于下一步网站栏目的规划。

1.2.1 前期策划

在网站建设前需要对市场进行分析，确定网站的目的和功能，并根据需要对网站建设中的技术、内容、费用、测试、维护等步骤做出规划。制作网站的前期策划对网站建设起着计划和指导的作用，对网站的内容和维护起着定位的作用。

网站前期策划的流程包括：

1．确定网站建设的目的

需要了解客户的真正意图，了解客户希望依靠这个网站实现的目的，了解客户希望通过什么样的方法达到目的。

2．可行性分析

可行性分析包括经济可行性分析和技术可行性分析。作为客户，最关心的是成本、费用和收益，他们会考虑网站的建设是否物有所值。作为网站设计者，要从技术难度、实施过程、最终效果等考虑怎样才能设计出满足客户要求的网站。

3．网站结构的整体规划

网站结构的整体规划包括设计网站各个栏目及其主要内容、每张网页中图片和文字的显示效果以及它们之间的相互关系等。好的布局可以让浏览者非常容易地找到他想看的东西，提升用户对相关单位或产品的认可程度。

网站制作前期策划好后，就可以根据网站建设的基本要求来收集资料和素材，包括文本、音频、视频及图片等。资料收集得越充分，网站制作就越容易。

1.2.2 网页制作

网页制作是一个复杂而细致的过程，一定要按照先大后小、先简单后复杂的顺序来制作。也就是说，在制作网页时，要先把大的结构设计好，再逐步完善小的结构设计；先设计出简单的内容，再设计复杂的内容，以便出现问题时可以及时修改。网页制作应该遵循以下几项原则：

1．符合人们的阅读习惯

网页的制作安排一定要建立在人们平日的阅读习惯之上。例如，不要把文字的字号设置的太小或者太大，除了标题之外，最好让文本左对齐，而不是居中，不要让背景颜色冲淡文字的视觉效果。

2．网页风格要统一

网页上所有的图像、文字、背景颜色、区分线、字体、标题等，都要统一风格，贯穿全站，让人看起来舒服、顺畅，给人留下"很专业"的印象。

3．动静要搭配好

很多人喜欢用Flash来做网页，还有人喜欢在页面里添加动画图片或者JavaScript效果，因为这些东西可以让网页看起来更生动。但是如果过多地使用，就会让浏览者眼花缭乱，抓不到页面重点，还会影响网站的浏览速度。所以动态元素起到画龙点睛的作用就好，动静结合要适当。

4．突出新内容

制作网页时，可以专门开辟一块地方放新内容，或者把更新的内容用不同颜色或小动画之类的图片进行突出显示。

1.2.3 网站发布与推广

网站制作完成后，首先要对网站进行优化。网站的优化主要是针对HTML源代码。因为在制作网页时，会产生很多无用的代码，这些代码不仅增加了网页文档的内容，延长了下载时间，而且在使用浏览器进行浏览时容易出错。因此，为了减少网页文档的内容，降低浏览网页的出错率，上传网站之前的首要工作就是对网站进行优化。

网站优化之后，在上传之前需要在本地对自己的网站进行测试，以免上传后出现错误，带来不必要的麻烦。网站测试的主要内容包括检查浏览器的兼容性，在浏览器中预览和测试页面，检查站点中的链接，监测页面的下载速度，生成站点报告的测试以及检查多余标签和语法错误。在本地计算机上测试完网站之后，下一步就是将文件上传到远程服务器上发布该网站，远程文件夹是远程服务器中存储网站文件的位置。要在Internet中可以访问该网站，就必须拥有某公司的某台Web服务器上的空间，用于存储网站的所有文件。在发布站点之前，应该申请域名和网络空间，还要对本地计算机进行相应的配置，以完成网站的上传。

1.2.4 后期维护

网站的维护是网站生存中的一个非常重要的环节。网站建成并发布到Internet上之后，每天24小时运行，在运行过程中难免会出现各种问题，或者期间需要增加、删除或修改一些内容，这些都需要通过后期维护来解决。网站的维护可以从网站的硬件维护和软件维护两方面入手。

网站的维护主要包括以下几方面内容：

（1）服务器及相关软硬件的维护。对可能出现的问题进行评估，制定响应时间。

（2）数据库的维护。有效地利用数据是网站维护的重要内容，因此数据库的维护更要受到重视。

（3）网站内容的更新、调整等。

（4）制定相关的网站维护规定，将网站维护制度化、规范化。

（5）做好网站安全管理，防范黑客入侵，检查网站各个功能、链接是否有错。

1.3 优秀网站欣赏

网站是企业向用户和网民提供信息（包括产品和服务）的一种方式，是企业的信息平台，也是开展电子商务的基础设施，离开网站（或者只是利用第三方网站）去谈电子商务是不可能的。企业的网址（域名）被称为网络商标，也是企业无形资产的组成部分，而网站是Internet上宣传和反映企业形象和文化的重要窗口，因此企业网站设计显得极为重要。网页设计是一个创造性很强的工作，许多优秀网站的主页本身就是一件杰出的艺术品，它体现了网页设计者深厚的艺术修养。

1．蒙牛集团（见图1.2）

图1.2　蒙牛集团网页

整个页面清新自然。页面元素与颜色非常和谐，很好地体现了企业文化与品牌。

2．海尔集团（见图1.3）

图1.3　海尔集团网页

红色很醒目，也很自然。网站简约精练，页面区块设置分明。

3．可口可乐（见图1.4）

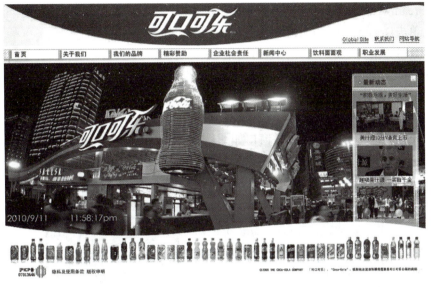

图1.4　可口可乐网页

整个网页时尚潮流，有很强的视觉冲击力，看似繁复却不显凌乱。

1.4　认识Dreamweaver CS6

制作网页有很多种工具，Dreamweaver CS6是其中的一种工具，其因功能强大、操作简单而广为人们接受。下面我们简单介绍一下它的工具，Dreamweaver CS6是Macromedia公司与Adobe公司合并后新推出的一款功能强大的网页制作软件，它将可视布局工具、应用程序开发功能和代码编辑支持组合为一个功能强大的工具系统，使每个级别的开发人员和设计人员都可利用它快速地创建网页界面。

1.4.1　启动与退出Dreamweaver CS6

1．启动Dreamweaver CS6

启动Dreamweaver CS6，可执行下列操作之一：

（1）执行"开始"→"所有程序"→"AdobeDreamweaver CS6"命令即可启动Dreamweaver CS6；

（2）直接在桌面上双击快捷图标；

（3）双击与Dreamweaver CS6相关联的文档。

2．退出Dreamweaver CS6

退出Dreamweaver CS6，可执行下列操作之一：

（1）单击Dreamweaver CS6程序窗口右上角的图标；

（2）执行"文件（P）"→"退出"命令；

（3）双击Dreamweaver CS6程序窗口左上角的图标；

（4）按Alt+F4组合键。

3．启动Dreamweaver CS6后

启动Dreamweaver CS6后，软件窗口如图1.5所示。

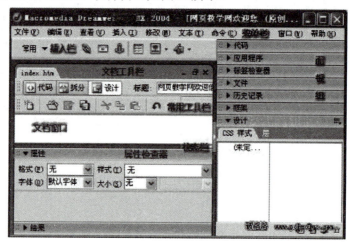

图1.5　Dreamweaver CS6设计窗口

1.4.2　Dreamweaver CS6窗口简介

1．菜单栏

菜单栏显示了制作网页时需要的各种命令。Dreamweaver CS6菜单栏的功能如表1.1所示。

表1.1　Dreamweaver CS6菜单栏的功能

菜单名称	功能
文件	用来管理文件，如新建、打开、保存、导入、导出、打印文件等
编辑	用来编辑文件，如复制、剪切、粘贴、查找、替换、撤销、重做等
查看	用来切换视图模式及显示、隐藏页面元素
插入	用来插入各种元素，如图片、表格、框架、多媒体组件等
修改	用来对页面元素进行修改，如修改页面属性、表格、框架等
格式	用来设置文本格式
命令	提供对各种附加命令项的访问
站点	用来创建和管理站点

续表

菜单名称	功能
窗口	用来显示、隐藏各种面板
帮助	提供联机帮助系统

2．文档工具栏

文档工具栏包含视图（"设计视图""代码视图""拆分视图"）切换按钮、视图选项按钮、文档标题文本框等。

3．文档窗口

文档窗口又称为文档编辑区，主要用来显示或编辑文档，其显示模式分为3种：代码视图、拆分视图与设计视图。

4．属性面板

属性面板用来设置页面上正被编辑内容的属性，内容不同，属性面板上显示的属性也不同。它们显示了表格与表单不同的属性。单击△按钮，可以折叠属性面板。单击▽按钮，可以展开属性面板。要隐藏属性面板，需要执行菜单栏中的窗口属性命令或按Ctrl+F3组合键。

课/后/习/题

一、填空题

1．网页一般由_____、_____、_____、_____和——等组成。

2．网站主页设有网站的_____，是所有网页的链接中心。

3．制作网站的_____对网站建设起着计划和指导的作用，对网站的内容和维护起着定位的作用。

4．静态网页是由Web服务器将文本、图像、声音、视频等嵌入在_____中传送给浏览器。

二、简答题

1．网站按照内容和服务对象的不同可以分为哪几种类型？

2．简述网站建设前的可行性分析。

第2章 站点的建立与管理

本章要点
(1) 理解建立站点的必要性；
(2) 学会如何合理地规划站点结构；
(3) 熟练掌握创建站点的基本步骤；
(4) 掌握编辑站点的方法。

2.1 规划站点结构

2.1.1 站点简介

在确定好网站主题后，需收集和整理与网站内容相关的文字资料、图像、动画素材等。收集好资料后还需对资料进行有效的管理，站点就是管理这些资料的场所。站点是一个存储区，它存储了一个网站包含的所有文件，可以理解为一种文档的组织形式。Dreamweaver CS6的使用是以站点为基础的，必须为每一个要制作的网站建立一个站点。

要建立一个站点，通常是在本地磁盘上创建一个文件夹，该文件夹称为根目录，在该文件夹中存放站点中的所有资料。

2.1.2 规划站点结构

规划站点结构时，应当遵循以下几项原则：
（1）将站点的所有文件分类，相同类型的文件放在同一个文件夹内，切记不要将网站的所有文件都存放在根目录下，以免造成文件管理混乱。
（2）按栏目内容分别建立子目录。
（3）在每个主目录下建立独立的图像文件夹。
（4）目录的层次不要太深，一般不要超过3层。

2.1 规划站点结构

以学校网站为例,已经收集到的资料包括学校新闻、学校介绍、各部门介绍、科研成果等文字资料;学校的徽标、教学楼、实训楼、多媒体教室、各部门骨干人员照片等图片资料。常用站点结构如图2.1所示。

在该站点结构中,根目录下的images文件夹存放站点公用图片;introduce文件夹存放一些相对固定的内容,例如:学校历史、学校简介、联系方式;news文件夹存放学校新闻的文字和图片内容;part文件夹存放各部门的情况介绍。part下有多个子文件夹,一个文件夹对应一个部门。在每个部门文件夹下均包含html和images子文件夹,其中html文件夹用于存放文本资料,images文件夹用于存放图片资料。

该站点结构适用于比较大的网站,如果建立规模较小的站点,站点结构就不必那么复杂。常用的站点结构如图2.2所示。

在图2.2所示的站点结构中:站点根目录下有index.html,即站点的首页,首页放在根目录下方便制作者进入网站。在根目录下还包括files、images、others三个文件夹,其中files文件夹存放其他的网页文件(分页),images文件夹存放图片文件,others文件夹存放其他的一些文件,如flash文件、视频文件、声音文件等。

图2.1 常用站点结构1

图2.2 常用站点结构2

目录的命名需要注意:

(1)不使用中文目录。网络无国界,使用中文目录可能对网址的正确显示造成困难。

(2)不要使用过长的目录。目录太长不便于记忆。

(3)尽量使用意义明确的目录,做到见名知义。比如图片文件夹可以使用"images""img"来命名。

2.2 站点的建立与管理

2.2.1 站点的建立

站点结构目录建立完毕后，需要通过Dreamweaver中的"新建站点"命令创建本地站点。创建站点的目的是把本地磁盘中的站点文件夹同Dreamweaver建立一定的关联，从而方便用户使用Dreamweaver管理站点和编辑站点中的网页文档。

下面以"个人博客"网为例，学习站点建立的基本步骤。在D盘建立站点目录mysite21，目录结构如图2.3所示。将收集的素材复制到相关文件夹中，图片文件放置到images文件夹内，文字、音乐、Flash文件等放置到others文件夹内。

图2.3 站点目录结构

建立站点的操作步骤如下：

（1）打开Dreamweaver CS6软件，选择"站点/新建站点"菜单，打开"站点设置对象"对话框，在"站点名称："文本框中输入站点名，此处为"个人博客"，如图2.4所示。

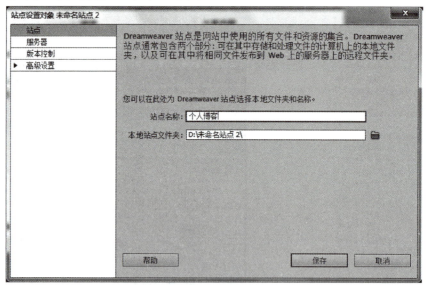

图2.4 站点设置对象

（2）单击"本地站点文件夹："编辑框右侧的"浏览文件夹"按钮，在打开的"选择根文件夹"对话框中选择本地硬盘上的站点根文件夹，然后单击"选择（S）"按钮，如图2.5所示。

（3）回到"站点设置对象"对话框，单击"保存"按钮，即完成站点的创建。此时可看到"文件"面板中显示了刚创建的站点，如图2.6所示。

图2.5 选择根文件夹　　　　　　　　　图2.6 "文件"面板

通过单击"站点设置对象"对话框左侧的服务器、版本控制和高级设置链接,可以设置站点的远程服务器信息,此处不做详细介绍。

2.2.2 站点的管理

定义站点后,可以通过执行"管理站点"(或"站点")实现对站点的管理,包括站点的创建、复制、编辑、删除、导入和导出,如图2.7所示。

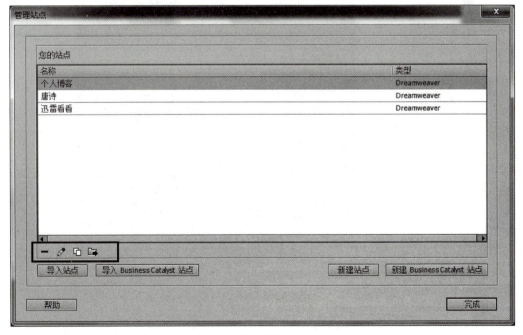

图2.7 管理站点

2.3 上机实训——"个人博客"站点的规划与建立

2.3.1 规划站点

（1）在D盘下新建文件夹mysite21，作为站点目录。
（2）在mysite21文件夹下，创建3个子文件夹，分别命名为images、files和others。
（3）将收集的素材复制到相关文件夹内，图片文件放置到images文件夹内，文字、音乐、Flash文件放到others文件夹内。

2.3.2 建立站点

（1）执行"站点/新建站点"命令。
（2）在弹出的"站点设置对象"对话框中，输入站点名称"个人博客"。
（3）单击"本地站点文件夹："编辑框右侧的"浏览文件夹"按钮 📁，打开"选择根文件夹"对话框，在该对话框中选择该站点的站点目录根文件夹mysite21，如图2.8所示。
（4）单击"保存"按钮，即完成该站点的建立，可在"文件"面板查看。

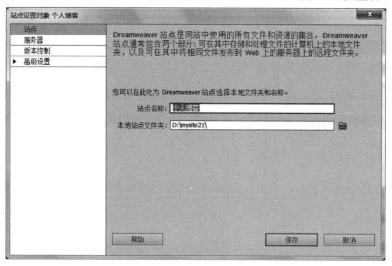

图2.8 "个人博客"站点的建立

第3章　新建文档与对象

本章要点
（1）掌握网页文档的创建、打开及保存；
（2）掌握网页中文本的输入及文本格式的设置；
（3）了解特殊字符、日期、水平线的插入方法；
（4）掌握列表的创建；
（5）了解网页中常见图像的格式，熟练掌握插入与编辑图像的方法。

3.1　网页的基本操作

3.1.1　新建网页

在Dreamweaver CS6中，新建网页的方法有三种，具体如下：

（1）在起始页中的"新建"里，单击"HTML"，如图3.1所示。

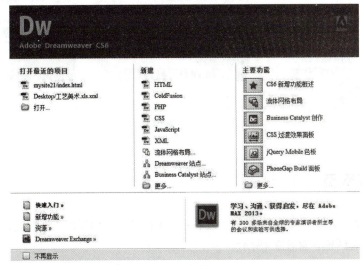

图3.1　起始页

(2) 执行"文件／新建"命令（快捷键Ctrl+N），打开"新建文档"对话框，如图3.2所示。

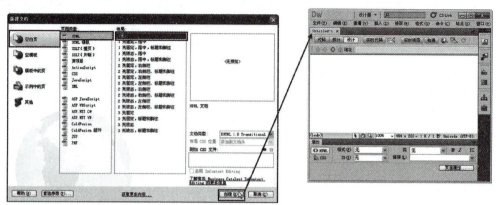

图3.2 "新建文档"对话框

在左侧的"文档类型"列表中选择"空白页"，在"页面类型："列表中选择网页类型"HTML"，在"布局："列表中选择布局类型"<无>"，单击"创建（E）"按钮。

在"布局"列表中，可以通过选择某一个布局类型来创建包含预设计CSS布局的页面，此处不做详细介绍。

(3) 在"文件"面板中选中网页存放的目录，右击，在弹出的下拉菜单中单击"新建文件（F）"，其文件名默认为"untitled.html"，如图3.3所示。通过该方法创建的文档，不用再保存。

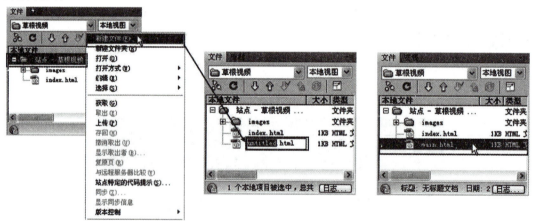

图3.3 文件面板创建新文档

3.1.2 保存网页

步骤1：执行"文件／保存"命令（或右击文档标签，在弹出菜单中选择"保存"），打开"另存为"对话框，如图3.4所示。

图3.4 "另存为"对话框

步骤2：在"保存在（I）："下拉列表中选择要保存的位置，在"文件名（N）："文本框中输入文件名（主页文件名为index.html），单击"保存（S）"按钮即可。

对于已经保存过的文档，在执行保存操作时，不会再弹出"另存为"对话框。

3.1.3 打开网页

要对已有的文档进行编辑，就需要在Dreamweaver中打开该文档。

步骤1：执行"文件／打开"命令，打开"打开"对话框，如图3.5所示。

图3.5 "打开"对话框

步骤2：在"查找范围（I）："下拉列表中选择文档所在的位置，在"文件名（N）："列表中选择要打开的网页文档，单击"打开（O）"按钮即可。

也可以在"文件"面板中选择要打开的网页文档，双击即可打开该文档。

3.1.4 关闭网页

要关闭文档，只需右击文档标签，在弹出菜单中选择"关闭"即可。如果文档已修改但未保存，系统会弹出一个提示框，询问是否保存，如图3.6所示。

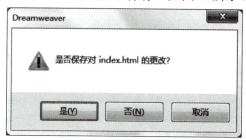

图3.6 保存提示框

3.1.5 预览网页

如果要预览文档，可单击文档工具栏中的 按钮或按F12键，在打开的下拉列表中选择"预览在IExplore"项，如图3.7所示。

图3.7 预览文档

3.1.6 利用"文件"面板管理站点文件和文件夹

在定义站点后，可以利用"文件"面板来创建、重命名、打开或删除站点中的网页文档和文件夹。

3.2 使用文本与特殊字符

3.2.1 文本的输入

把鼠标移到"文档"窗口中，单击，出现输入提示光标后，选择输入法，即可输入文字。输入文字的过程中，需要注意以下几点：

（1）按Enter键，另起一段。
（2）按Shift+Enter组合键，另起一行。
（3）要添加空格，必须将输入法切换至中文输入状态下的全角形式，然后按空格键。
（4）换行和添加空格的操作，也可执行"插入（I）/HTML/特殊字符（C）"，选择"换行符（E）"和"不换行空格（K）"，如图3.8所示。

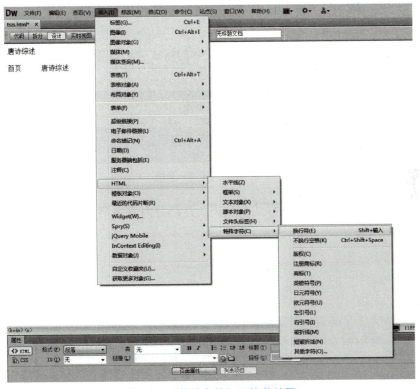

图3.8 "特殊字符"下拉菜单图

3.2.2 特殊字符的输入

单击要输入的字符按钮即可，如图3.8所示。如果没有找到所需要的字符，则可单击"其他字符（O）..."按钮，在弹出的"插入其他字符"对话框中查找，如图3.9所示。

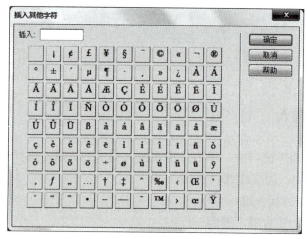

图3.9 "插入其他字符"对话框

3.2.3 文字的格式设置

选取文字后，可以在"属性"面板中对文字的格式进行设置，如文字的大小、字体颜色、字体样式等，如图3.10所示。

图3.10 "属性"面板

文字的格式设置，需要由CSS样式来实现，该部分内容在第7章使用CSS样式会做详细介绍，此处不做介绍。

3.3 插入列表与其他网页元素

3.3.1 插入列表

列表的使用可以使网页中的信息一目了然，浏览者通过列表可以快速而清楚地了解当前网页所要表达的内容。列表分为有序列表和无序列表。有序列表是指该列表项中的内容有一定的先后顺序；而无序列表中的项目是并列的，不存在先后顺序。

1. 创建步骤

步骤1：输入列表项的各项内容，各项内容之间必须以段落划分。

步骤2：选取要插入列表的内容，单击"属性"面板中的"编号列表"按钮，或"列表项目"按钮。

2. 设置子列表项

将光标定位在要创建的子列表项内容中，单击"属性"面板中的"文本缩进"按钮即可。如要回到上级列表项，则单击"属性"面板中的"文本凸出"按钮。

3. 修改列表样式

将光标定位在要需改样式的列表项内容中，单击"属性"面板中的"列表项目..."按钮，或在右击快捷菜单选择"列表/属性"，在弹出的"列表属性"对话框中，可以对列表样式进行修改，如图3.11所示。

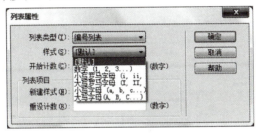

图3.11 "列表属性"对话框

3.3.2 插入日期

使用日期功能，可以直接将日期插入网页。执行"插入/常用/日期"命令，在弹出的"插入日期"对话框中选择日期格式即可，如图3.12所示。

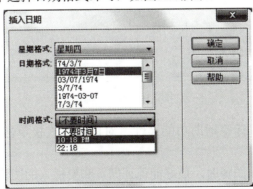

图3.12 "插入日期"对话框

3.3.3 插入水平线

水平线可以很好地分隔网页中的内容，执行"插入/HTML/水平线"命令即可。

3.4 使用图像

3.4.1 插入图像

图像是构成网页的基本元素，目前在网页中可以使用的图像格式有jpeg、gif和png。在Dreamweaver中，插入图像的方法非常简单，具体操作如下：

步骤1：把光标定位到要插入图像的位置，执行"插入/图像"命令。

步骤2：在弹出的"选择图像源文件"对话框中，选择图像文件，单击"确定"按钮，如图3.13所示。

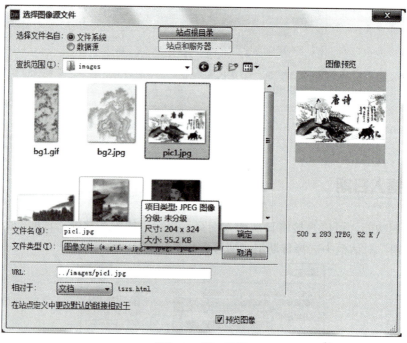

图3.13　插入图像

步骤3：弹出"图像标签辅助功能属性"对话框，直接单击"确定"按钮即可插入图像。

注意：在网页中插入图像时，最好能保证网页和要插入的图像均位于当前站点中，否则很容易出现图像显现不出来的情况。

3.4.2 设置图像属性

选择需要设置属性的图像，即可在"属性"面板中对图像进行相关的设置，如图3.14所示。

图3.14 "图像"属性面板

常用参数意义如下：
图像：对当前图像命名。
宽和高：设置图像的显示大小，默认单位为像素。
源文件：设置图像的存放路径。
替换：当浏览器无法显示图像文件时，在图像位置显示说明性文字。
链接、热点、目标这些参数用于设置图像链接，第4章将做详细介绍。

3.5 设置页面属性

单击"属性"面板中的"页面属性"按钮，打开"页面属性"对话框，可以设置网页的背景颜色、背景图像、文本和超级链接的颜色等。

3.5.1 网页外观的设置

在"页面属性"的"外观（CSS）"设置项中可以对页面的文字、背景、边距进行设置，如图3.15所示。

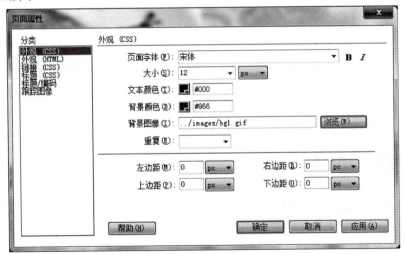

图3.15 "页面属性"对话框

1. 页面文字的设置

对页面文字的设置包括对页面字体格式、文字大小及文字颜色的设置。快速定义整张页面的字体时，就可以使用这种方法定义文字的格式。

2. 网页背景的设置

对网页背景进行设置时可定义页面背景的图像或颜色。如果同时使用图像和颜色，则颜色会被图像覆盖。如果图像有透明像素，则会看到背景颜色的存在。

3. 网页边距的设置

网页边距包括"左边距（M）：""右边距（R）：""上边距（P）：""下边距（O）："。根据该选项可以设置网页内容与网页边缘之间的距离。

3.5.2 链接文字的设置

在"页面属性"的"链接"项中可以对含有链接的文字进行字体格式的设置，第4章将做详细介绍。

3.5.3 网页标题和编码的设置

对网页来说，标题非常重要，它可以帮助用户了解正在访问的内容，以及在历史记录和书签列表中标识页面。如果页面没有标题，则将作为"无标题文档"在浏览器窗口、历史记录和书签列表中出现。页面标题在"页面属性"对话框的"标题/编码"项中可以设置，或者直接在工具栏的"标题"框中输入。

设置网页编码，可以在"页面属性"对话框的"标题（CSS）"项中直接设置。在简体中文系统平台上使用Dreamweaver CS6新建文档时，一般默认使用的文档编码是UTF-8。

3.6 上机实训——"唐诗"网站的制作

3.6.1 规划、建立站点

（1）在D盘下新建一个Mysite31文件夹作为站点根目录，并在该文件夹下建立images、files、others三个子文件夹；

（2）分发素材；

（3）打开Dreamweaver，创建站点"唐诗"，指定站点文件的目录Mysite31。

3.6.2　新建网页文件

（1）执行"文件/新建"命令，在对话框选项中选择"空白页"，页面类型项中选择"HTML"，布局项中选择"无"，单击"创建"按钮。

（2）执行"文件/保存"命令，将网页保存在站点目录下，保存文件名为"index.html"。

（3）用同样的方法创建四个网页，并分别保存在站点目录下的files文件夹内，文件名为jjxs.html、sjdp.html、srjs.html、tszs.html，如图3.16所示。

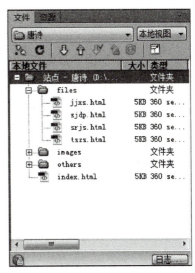

图3.16　站点目录

3.6.3　分页的制作

1．文字及特殊符号的输入

（1）双击"文件"面板上的文档tszs.html，将网页文档打开。

（2）单击"插入"栏中"常用"选项卡的"表格"按钮，创建一个一行一列、宽度为780像素的表格，如图3.17所示。

（3）将光标定位在表格内，单击编辑窗口底部标签table，选取整个表格，在"属性"面板中设置对齐为"居中对齐"（表格详细介绍见第5章）。

（4）使用"复制""粘贴"命令，将others文件夹中的记事本文件"唐诗综述（唐诗）.txt"中的文字粘贴至刚创建的表格单元格中。

（5）在网页的头部输入文字"唐诗综述"，按Enter键，另起一段，输入文字"首页　　唐诗综述　　诗人介绍　　佳句欣赏　　诗句点评"。

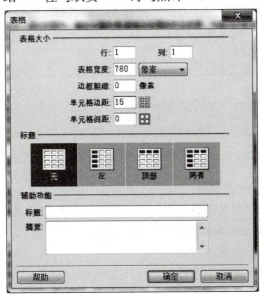

图3.17　表格的创建

（6）在网页的最底部输入文字"唐诗网 © 版权所有"，中间的版权符号可单击"插入"栏中"文本"选项卡的"字符"下拉按钮，在弹出的下拉菜单中找到"版权"字符按钮。文字效果如图3.18所示。

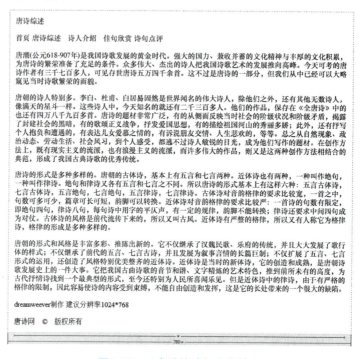

图3.18　"唐诗综述"文字效果

（7）执行"编辑查找和替换"命令，将文档中所有的"唐潮"替换为"唐朝"，如图3.19所示。

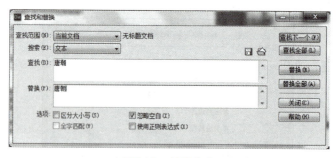

图3.19　替换文本

2．设置文字格式、网页属性

（1）选取标题文字"唐诗综述"后，在"属性"面板中将文字设置为居中对齐、字体为"华文隶书"、颜色为红色#CC0000、大小为24点。

（2）设置导航条文字为居中对齐。

（3）选取底部文字，将文字设置为黑色，文字大小为9点，加粗，居中对齐。

（4）打开"页面属性"对话框，设置网页文字大小（9点）、网页背景、页边距及网页标题。

3.6 上机实训——"唐诗"网站的制作

（5）将光标定位在表格单元格内，在"属性"面板中设置单元格背景色为白色，效果如图3.20所示。

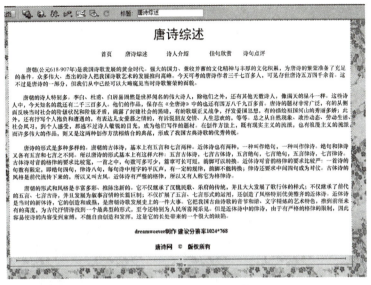

图3.20 文字格式、网页属性设置

3．插入水平线

（1）将光标定位在导航条标题文字之后，按Enter键，执行"插入／HTML／水平线"命令，插入水平线。

（2）保持水平线选中状态，在"属性"面板中设置水平线宽度为90%，取消阴影选项，并设置对齐方式为"居中对齐"，如图3.21所示。

图3.21 水平线属性设置

（3）保持水平线选中状态，单击右键，在弹出的快捷菜单中选择"编辑标签"。

（4）在打开的"标签编辑器-hr"对话框中，选取左侧的"浏览器特定的"，将水平线的颜色设置为#993300，如图3.22所示。

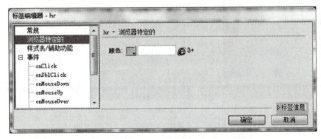

图3.22 设置水平线的颜色

（5）选取水平线并复制，将水平线粘贴至页面底部。

4. 插入图像

（1）将光标定位在页面文字的任意地方，执行"插入／图像"命令，插入素材图片"pic3.jpg"。

（2）选取图片，单击右键，在弹出的快捷菜单中选择"对齐／右对齐"。

（3）选取图片，移动到合适的位置，网页预览效果如图3.23所示。

图3.23　唐诗综述预览效果

同样的方法，制作分页srjs.html、jjxs.html、sjdp.html，效果图如图3.24、图3.25、图3.26所示。

图3.24　诗人介绍预览效果

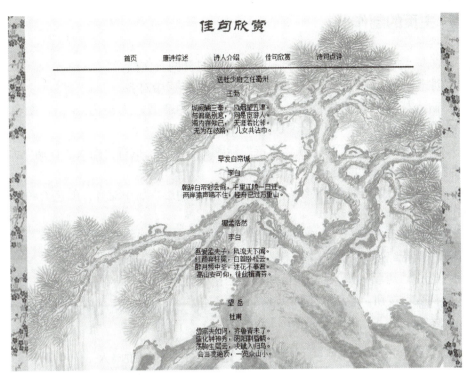

图3.25　佳句欣赏预览效果图

图3.26　诗句点评预览效果图

3.6.4 主页的制作

(1) 双击"文件"面板中的文档index.html，打开网页文档。

(2) 创建一个一行一列，宽度为750像素的表格，居中对齐。

(3) 输入标题文字"唐诗"，设置字体为华文隶书，大小为36 pt，颜色为红色#CC0000，居中对齐。

(4) 插入日期，将光标定位在"唐诗"标题文字之后，执行"插入/日期"命令，在弹出的对话框中选择日期的格式。

(5) 插入水平线，设置水平线宽度为90%，取消阴影，居中对齐，颜色为#993300。

(6) 创建列表。

①输入所有列表项文字，各项之间以段落来划分，如图3.27所示。

②选择"唐诗综述"，单击"属性"面板的"编号列表"按钮。

③同时选中"唐朝的诗人""唐诗的形式""唐诗的形式和风格"，单击"属性"面板的"项目列表"按钮，然后单击"文本缩进"按钮。

④重复步骤②、③，最终效果如图3.28所示。

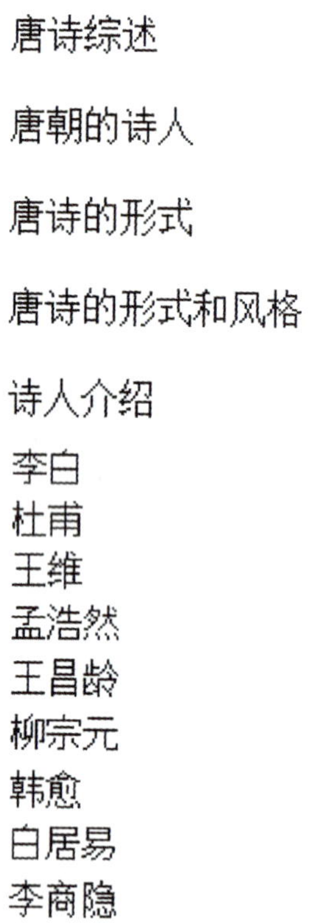

图3.27　列表项目部分文字

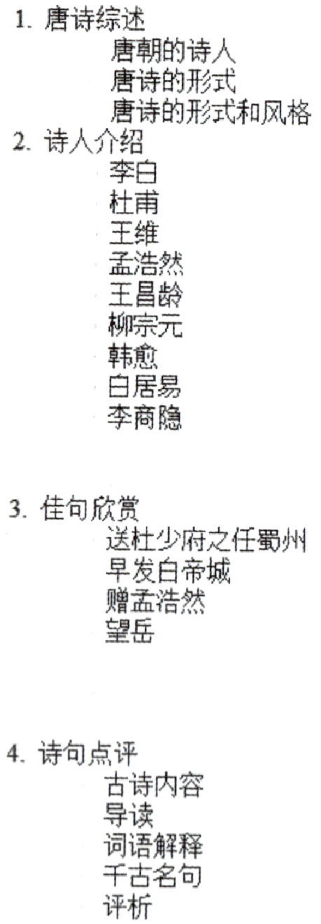

图3.28　列表效果图

⑤将光标定位在"唐诗综述"中，单击右键，在快捷菜单中选择"列表/属性"，在

弹出的"列表属性"对话框中,将编号列表的样式改为"大写罗马字母",单击"确定"按钮,原来编号列表的符号"1."和"2."变为大写罗马字母"I."和"II."。

(7)插入图像,将光标定位在"唐诗综述"文字之后,执行"插入/图像"命令,插入图片素材"pic1.jpg",并设置图片为"右对齐"。

(8)打开"页面属性"对话框,设置网页文字大小为9点、网页标题为"唐诗",并设置网页背景。主页预览效果图如图3.29所示。

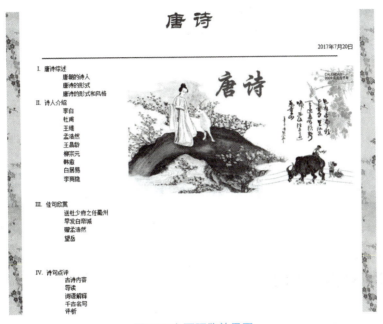

图3.29 主页预览效果图

第4章　超级链接

本章要点 ⇨ （1）理解超级链接的基本概念；
（2）了解超级链接的分类；
（3）掌握超级链接的基本操作，包括创建、属性设置等；
（4）掌握各种超级链接的制作。

4.1　超级链接概述

4.1.1　超级链接的概念

超级链接是网页间联系的桥梁，通过它浏览者可以跳转到其他页面，是网页中不可缺少的重要组成部分。它指的是从一个网页指向另一个目标的连接关系，这个目标可以是一个网页，也可以是相同网页上的不同位置，还可以是一个图片、一个电子邮件地址、一个文件，甚至是一个应用程序。当浏览者单击包含链接的文字或图片后，将跳转到链接目标。

4.1.2　超级链接的分类

按照链接目标的不同，链接可分为：文档链接、书签链接、电子邮件链接和空链接等。
（1）文档链接：链接到其他文档，最为常见。
（2）书签链接：链接到相同文档或其他文档的书签位置。
（3）电子邮件链接：创建允许用户给网页制作人员发送邮件的链接。
（4）空链接：没有链接目标，不跳转到任何位置。

4.1.3　超级链接的基本操作

1．创建超级链接

在Dreamweaver中，可以快速在站点内创建超级链接，先选中要创建链接的文字、图片等其他对象，使用"属性"面板上链接的浏览按钮选取链接的目标文件，如图4.1所示，或使用"指向文件"图标直接指向要链接的文件，如图4.2所示。

图4.1 创建链接1

图4.2 创建链接2

2．超级链接的目标窗口

用户浏览网页时，一般通过单击网页上的超级链接跳转到不同的页面。当新页面出现时，可能会出现三种情况：原有页面被覆盖；原有页面不被覆盖，而是弹出一个新窗口；原有页面内部分内容被替换。

这三种情况的出现由链接的目标窗口确定，在"属性"面板中的"目标"下拉菜单中可以进行相应的设置，如图4.3所示，分别为：

_blank：单击链接以后，指向页面出现在新窗口中。

_parent：将文件载入上级框架集或包含该链接的框架窗口。

_self：单击链接以后，指向页面出现在本窗口中（默认方式）。

_top：将文件载入整个浏览器窗口，将取消所有框架（有关框架的相关知识，此处不做介绍）。

图4.3 目标窗口的设置

3．超级链接的文本提示

超级链接的"文本提示"效果是当用户将鼠标移到某一个超级链接上时，会弹出一个文本提示框。添加这种提示文本，只要给超级链接标签添加title属性即可。

4．链接的属性设置

使用"页面属性"对话框的"链接（CSS）"可以对含有链接的文字进行字体格式的设置，可以对文字的不同链接状态进行不同的颜色设置，还可以对链接文字下划线进行动态效果设置，如图4.4所示。

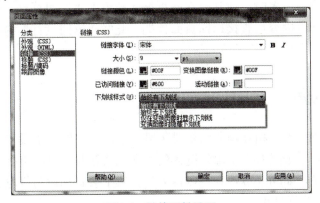

图4.4 链接属性设置

4.2 各类链接的制作

4.2.1 书签链接

当网页内容较多且页面太长,想要寻找页面中一个特定的目标时,就需要不断地拖动滚动条,这样找起来非常费时费力,这就需要用到书签链接。

书签链接可用于当前页面的书签位置跳转,也可跳转到不同页面的书签位置。这个书签位置就是"锚记"。

制作书签链接分为两步:

步骤1:将光标定位到要链接到的书签位置,单击"插入/命名锚记",在出现的"锚记名称:"文本框中输入锚记名称,如图4.5所示。

图4.5 "锚记名称"对话框

步骤2:选取要创建链接的文字等对象,在"属性"面板的"链接"文本框中输入符号"#"和锚记名称,即"#锚记名称"。

4.2.2 空链接

空链接是没有链接对象的链接,它不会跳转到任何的地方。制作空链接时,只要在"属性"面板的链接文本框中输入"#"即可。

当制作的网页内容较多时,通常会在网页最底端添加"返回页首"的链接,以方便浏览者在浏览完所有网页内容后直接返回页面顶端,此时"返回页首"的链接可以通过空链接来创建。

4.2.3 邮件链接

电子邮件已经成为人们相互沟通的重要手段,因此,在网页中设置电子邮件链接变得非常普遍。当浏览者单击具有电子邮件链接的文本或按钮时,可以直接打开安装在系统中的电子邮件应用程序,如outlook,在"收件人"位置上会自动填写好电子邮件的地址,浏览者只需填写内容,发送即可。

在Dreamweaver中，选取要创建电子邮件链接的文字，执行"插入／电子邮件链接"，在弹出的对话框中的"电子邮件："文本框内输入收件人邮件地址，单击"确定"按钮即可，如图4.6所示。

图4.6 "电子邮件链接"对话框

4.2.4 外部超级链接

超级链接又可以分为内部超级链接和外部超级链接。内部超级链接指网站内部的相互链接；外部超级链接指网站指向外部的链接。

在"资源"面板中，可以对当前网站的外部链接资源进行管理。单击"资源"面板中的"URLs"按钮，可在面板下部的显示区域中查看当前网站的所有外部URL，如图4.7所示。

"插入/应用"按钮：当网页上有选取的文字时，该按钮为"应用"。单击该按钮，即可快速地将当前所选的URL地址应用到选取的文字上，创建链接。如果网页上没有选取的对象，则该按钮为"插入"。单击该按钮，则在文档中插入文字为URL地址的超级链接。

图4.7 "资源"面板

4.3 上机实训——"四川旅游网"的链接制作

4.3.1 导航条等文档链接的制作

（1）打开index.html网页，选取文字"首页"，单击"属性"面板中的"浏览文件"按钮，在弹出的"选择文件"对话框中，选取链接的网页index.html，如图4.8所示。

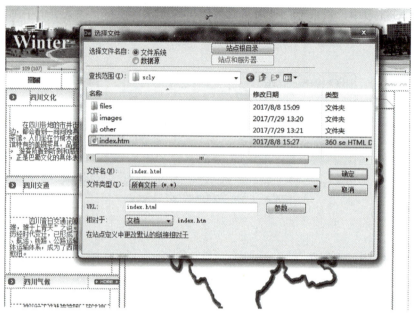

图4.8 链接网页"选取文件"对话框

（2）重复上述步骤，选取文字"景点介绍""四川文化""四川交通""四川气候"，分别设置当前网页对其他分页的链接。

（3）选取图片"more.gif"，单击"属性"面板中的"指向文件"图标，拖动至文件面板相应的网页中。

（4）同样的方法，制作各分页jdjs.html、scwh.html、scjt.html、scqh.html的导航条链接。

4.3.2 设置超级链接的目标窗口和文本提示

（1）打开网页index.html，选取文字"景点介绍"，在"属性"面板中将"目标（G）"项设置为"_blank"，如图4.9所示。

图4.9 设置"目标"项

（2）选取文字"景点介绍"，按Ctrl+T组合键打开快速标签编辑器，多次按Ctrl+T组合键切换，直到出现"编辑标签"模式。

（3）在标签a后面添加title属性，输入"title='将在新窗口中打开'"，如图4.10所示。

图4.10 设置文本提示

4.3.3 书签链接的制作

(1)打开网页jdjs.html,将光标定位到都江堰内容介绍的标题处。

(2)单击"插入/命名锚记",在出现的对话框中输入书签名"djy",单击"确定"按钮,如图4.11所示。

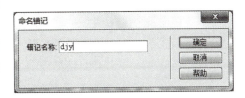

图4.11 命名锚记

(3)选取文章标题处的"都江堰"文字,在"属性"面板的"链接"文本框中,输入"#djy",如图4.12所示。

图4.12 设置锚点链接

（4）重复上述步骤，完成其他景点的书签链接。

（5）打开首页index.html，选取网页中的景点地图"map.gif"，使用"属性"面板中的"矩形热点工具"，在都江堰处绘制矩形热点。

（6）在"属性"面板中的"链接"文本框中输入"files/jdjs.html#djy"，如图4.13所示。

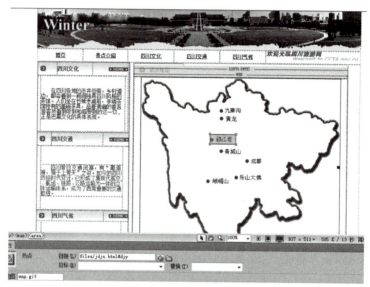

图4.13　跨页面书签链接的制作

（7）重复步骤（5）、（6），完成景点地图中其余景点的锚点链接，保存网页。

4.3.4　电子邮件链接的制作

（1）打开首页index.html，在顶部右侧单元格中选取文字"联系我们"。

（2）执行"插入/电子邮件链接"命令，在"电子邮件："文本框中输入"luna@hotmail.com"，单击"确定"按钮，如图4.14所示。

图4.14　"联系我们"链接制作

（3）保存网页，预览效果。

4.3.5　创建空链接

（1）打开网页jdjs.html，选取都江堰内容介绍中的文字"返回"。

（2）在"属性"面板的"链接（L）"文本框中输入"#"，在"目标（G）"下拉菜单中选取"_top"，如图4.15所示。

图4.15 设置空链接

（3）重复上述步骤，将各景点内容介绍中的"返回"都制作空链接，保存网页。

4.3.6 外部链接的制作

（1）打开首页index.html，在顶部右侧单元格中选取文字"新浪"。

（2）在"属性"面板的"链接（L）"文本框中输入"http：//www.sina.com"，如图4.16所示。

图4.16 "新浪"链接的制作

（3）打开网页jdjs.html，选取文字"新浪"，单击"资源"面板中的"URUs"按钮。

（4）选取"资源"面板中的"http：//www.sina.com"，单击"应用"按钮，此时jdjs.html的"新浪"链接制作完成。

（5）同样的方法，制作"联系我们"电子邮件链接。

（6）重复步骤（3）～（5），完成其他分页中的"新浪""联系我们"的链接。

4.3.7 链接属性的设置

（1）打开首页index.html，单击"页面属性"按钮，打开"页面属性"对话框。

（2）选择左侧"分类"选项中的"链接（CSS）"，将链接字体大小设置为9pt，"链接颜色（L）："和"已访问链接（V）："颜色均设置为#FF4E00，"变换图像链接（R）："颜色设置为#993300，"下划线样式（U）："设置为"仅在变换图像时显示下划线"，如图4.17所示。

（3）重复上述步骤，完成其他分页中的链接属性设置。

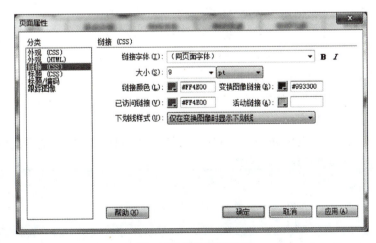

图4.17 链接属性设置

第5章 表格处理与网页布局

表格是网页中非常重要的一个元素,在网页布局中占有重要地位。它的用途非常广泛,在制作网页时,除了应用于排列数据和图像外,还应用在网页的布局上,可将其有序排列,以增加网页的逻辑性。

本章要点 ⇨ (1)掌握表格与单元格的基本操作;
(2)设置表格与单元格的属性;
(3)熟悉表格布局。

5.1 使用表格

1. 认识表格

表格由<table>标签定义,每个表格均有若干行(由<tr>标签定义),每行被分割为若干单元格(由<td>标签定义)。单元格是组成表格的基本单位,包含文本、图片、列表、段落、表单、水平线、表格等。简单的HTML表格由<table>标签以及一个或多个<tr>、<td>标签组成,更复杂的HTML表格也可能包括<caption>、<thead>、<tfoot>和<tbody>标签等,可以根据实际需要使用。表格结构如图5.1所示。

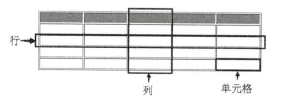

图5.1 表格结构

例5.1:

(1)在Dreamweaver CS6中新建一个HTML文档,主要代码如下:

```
<table border="1">
    <tr>
      <td>一行一列的表格</td>
    </tr>
</table>
```

（2）保存该HTML文档。

（3）双击该文档，在浏览器查看结果，该结果如图5.2所示。

一行一列的表格

图5.2 一行一列的表格效果

例5.2：

（1）在Dreamweaver CS6中新建一个HTML文档，主要代码如下：

```
<table border="1">
    <tr>
        <td>第一行第一列</td>
        <td>第一行第二列</td>
    </tr>
    <tr>
        <td>第二行第一列</td>
        <td>第二行第二列</td>
    </tr>
</table>
```

（2）保存该HTML文档。

（3）双击该文档，在浏览器查看结果，该结果如图5.3所示。

第一行第一列	第一行第二列
第二行第一列	第二行第二列

图5.3 两行两列的表格效果

2．表格的其他标签

1）表格标题标签<caption>

该标签用于定义表格的标题，通常这个标题会被居中于表格之上。

提示：<caption>标签必须直接放置在<table>标签之后，每个表格只能定义一个标题。

例5.3：

（1）在Dreamweaver CS6中新建一个HTML文档，主要代码如下：

```
<table border="1">
    <caption>课程表</caption>
    <tr>
      <td>  </td>
      <td>星期一</td>
      <td>星期二</td>
      <td>星期三</td>
      <td>星期四</td>
      <td>星期五</td>
    </tr>
    <tr>
      <td>第1节</td>
```

```html
            <td>语文</td>
            <td>数学</td>
            <td>英语</td>
            <td>化学</td>
            <td>数学</td>
        </tr>
        <tr>
            <td>第2节</td>
            <td>语文</td>
            <td>数学</td>
            <td>英语</td>
            <td>化学</td>
            <td>数学</td>
        </tr>
        <tr>
            <td>第3节</td>
            <td>英语</td>
            <td>体育</td>
            <td>自习</td>
            <td>职业道德</td>
            <td>化学</td>
        </tr>
        <tr>
            <td>第4节</td>
            <td>英语</td>
            <td>体育</td>
            <td>自习</td>
            <td>职业道德</td>
            <td>化学</td>
        </tr>
        <tr>
            <td>第5节</td>
            <td>班会</td>
            <td>团日活动</td>
            <td>语文</td>
            <td>体育</td>
            <td>安全技能知识</td>
        </tr>
```

```
    <tr>
        <td>第6节</td>
        <td>自习</td>
        <td>音乐</td>
        <td>语文</td>
        <td>体育</td>
        <td>音乐</td>
    </tr>
</table>
```

（2）保存该HTML文档。

（3）双击该文档，在浏览器查看结果，该结果为显示标题居中表格上方的七行六列的表格，如图5.4所示。

图5.4 课程表

提示：表格标题居中在表格之上，而不是居中于浏览器。

2）表格表头标签<th>

该标签用于定义HTML表格中的表头单元格，位于该单元格的文本通常呈现为粗体并且居中。

提示：与<td>标签的区别。

<th>表头单元格，单元格中的文本通常呈现为粗体并且居中。

<td>标准单元格，单元格中的文本通常是普通的左对齐文本。

例5.4：

（1）在Dreamweaver CS6中新建一个HTML文档，主要代码如下：

```
<table border="1">
    <tr>
        <th>第一行第一列</th>
        <th>第一行第二列</th>
    </tr>
    <tr>
        <td>第二行第一列</td>
        <td>第二行第二列</td>
    </tr>
</table>
```

（2）保存该HTML文档。

（3）双击该文档，在浏览器查看结果，该结果为显示两行两列的表格，与例5.2例子对比，第一行表头单元格中的内容加粗且居中显示，如图5.5所示。

第一行第一列	第一行第二列
第二行第一列	第二行第二列

图5.5　表头加粗效果

3）组合表格表头标签<thead>、组合表格主体标签<tbody>、组合表格页脚标签<tfoot>

<thead>标签用于组合 HTML 表格的表头内容，使用时应与 <tbody> 和 <tfoot> 标签结合起来，<tbody>标签用于对 HTML 表格中的主体内容进行分组，而<tfoot>标签用于对HTML 表格中的页脚内容进行分组。

使用<thead>、<tfoot>以及<tbody>标签可以对表格中的行进行分组。创建某个表格时，可以创建一个拥有一个标题行，一些带有数据的行，以及位于底部的一个总计行的表格。这种划分使浏览器能支持独立于表格标题和页脚的表格正文滚动。当长的表格被打印时，表格的表头和页脚可被打印在包含表格数据的每张页面上。

提示：如果想使用<thead>、<tfoot>或<tbody>之间的一个标签，必须使用全部的标签。它们的出现次序是：<thead>、<tfoot>、<tbody>，这样浏览器就可以在收到所有数据前呈现页脚了。<thead> 内部必须拥有 <tr> 标签！

注意：<thead>、<tfoot>和<tbody>标签只有部分主流浏览器支持，因此不常使用。

例5.5：

（1）在Dreamweaver CS6中新建一个HTML文档，主要代码如下：

```
<table border="1">
    <caption>销售统计表</caption>
    <thead>
        <tr>
            <th>月份</th>
            <th>销售额</th>
        </tr>
    </thead>

    <tfoot>
        <tr>
            <td>合计</td>
            <td>¥180</td>
        </tr>
    </tfoot>

    <tbody>
        <tr>
```

```
            <td>一月</td>
            <td>¥100</td>
        </tr>
        <tr>
            <td>二月</td>
            <td>¥80</td>
        </tr>
    </tbody>
</table>
```

（2）保存该HTML文档。

（3）双击该文档，在浏览器查看结果，如图5.6所示。

图5.6　销售统计表

5.2　设置表格与单元格的属性

1．表格的属性

属性	值	描述
border	数值（默认单位为像素）	表格边框宽度，若为0，则表格不显示边框
align	left center right	表格相对周围元素的对齐方式 提示：不建议使用该属性，请使用样式代替
bgcolor	rgb(x,x,x) #xxxxxx colorname	表格的背景颜色 提示：不建议使用该属性，请使用样式代替
cellpadding	数值（像素）%	单元格边沿与其内容之间的空白距离
cellspacing	数值（像素）%	单元格之间的空白距离
width	数值（像素）%	表格的宽度
summary	文本	表格内容的摘要

续表

属性	值	描述
rules	none groups rows cols all	指定表格内侧边框的哪个部分是可见的
frame	void above below hsides vsides lhs rhs box border	指定表格外侧边框的哪个部分是可见的

1）border

border属性规定围绕表格边框的宽度。

border属性会为每个单元格应用边框，并用边框围绕表格。如果border属性的值发生改变，那么只有表格周围边框的尺寸会发生变化。表格内部的边框为1像素宽。

提示：设置border="0"，可以显示没有边框的表格。

语法：

```
<body border="value">
```

例5.6：

（1）在Dreamweaver CS6中新建一个HTML文档，主要代码如下：

```
<table border="8">
    <caption>销售统计表</caption>
    <thead>
        <tr>
            <th>月份</th>
            <th>销售额</th>
        </tr>
    </thead>

    <tfoot>
        <tr>
            <td>合计</td>
            <td>￥180</td>
        </tr>
    </tfoot>
```

```
        <tbody>
            <tr>
                <td>一月</td>
                <td>￥100</td>
            </tr>
            <tr>
                <td>二月</td>
                <td>￥80</td>
            </tr>
        </tbody>
</table>
```

（2）保存该HTML文档。

（3）双击该文档，在浏览器查看结果，如图5.7所示。

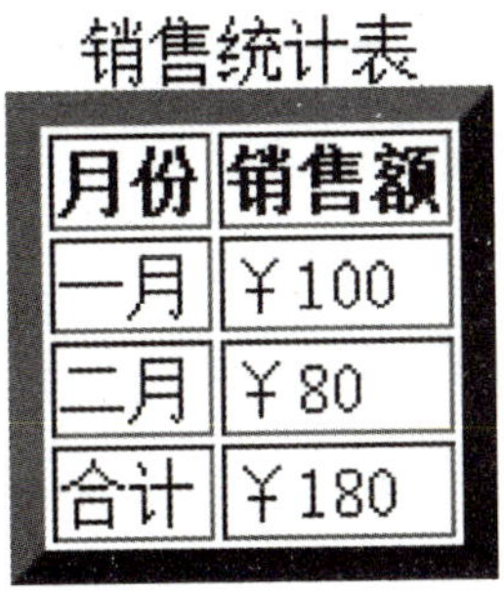

图5.7 带有边框的表格

2）align

align属性用于设置表格相对于周围元素的对齐方式。

通常来说，HTML 表格的前后都会出现折行。通过运用align属性，可实现其他 HTML 元素围绕表格的效果。

语法：

```
<table align="属性值">
```

属性值：

值	描述
left	左对齐表格
center	居中对齐表格
right	右对齐表格

提示：在 HTML 4.01 中，不建议使用<table>标签的align属性，可使用CSS样式代替。

例5.7：

（1）在Dreamweaver CS6中新建一个HTML文档，主要代码如下：

```
<table border="1" align="right">
    <tr>
```

```
            <td>第一行第一列</td>
            <td>第一行第二列</td>
        </tr>
        <tr>
            <td>第二行第一列</td>
            <td>第二行第二列</td>
        </tr>
</table>
```

（2）保存该HTML文档。

（3）双击该文档，在浏览器查看结果，如图5.8所示。

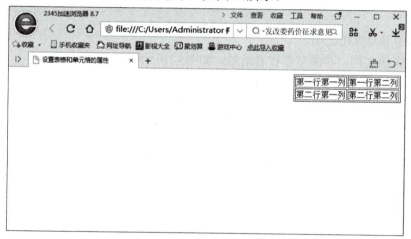

图5.8　右对齐的表格

3）bgcolor

bgcolor用于设置表格的背景颜色。

语法：

`<table bgcolor="属性值">`

属性值：

值	描述
rgb（x，x，x）	颜色值为rgb代码的背景颜色（如"rgb（255，0，0）"）
#xxxxxx	颜色值为十六进制值的背景颜色（如"#ff0000"）
colorname	颜色值为颜色名称的背景颜色（如"red"）

提示：在HTML 4.01中，不建议使用<table>标签的 bgcolor 属性，可使用CSS样式代替。

例5.8：

（1）在Dreamweaver CS6中新建一个HTML文档，主要代码如下：

```
<table border="1" align="center" bgcolor="#00ff00">
    <tr>
        <td>第一行第一列</td>
```

```
        <td>第一行第二列</td>
    </tr>
    <tr>
        <td>第二行第一列</td>
        <td>第二行第二列</td>
    </tr>
</table>
```

（2）保存该HTML文档。

（3）双击该文档，效果如图5.9所示。

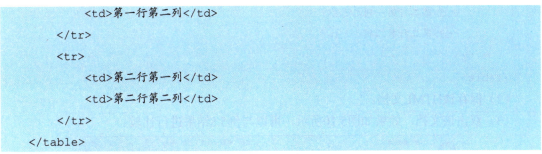

图5.9　设置背景色的表格

4）cellpadding

cellpadding属性定义了单元格边沿与其内容之间的空白距离。

注释：请勿将该属性与cellspacing属性相混淆，cellspacing属性规定的是单元格之间的空间。

语法：

```
<table cellpadding="属性值">
```

属性值：

值	描述
数值（单位为像素）	单元格边沿与其内容之间的空白距离

例5.9：

（1）在Dreamweaver CS6中新建一个HTML文档，主要代码如下：

```
<table border="1" align="center" bgcolor="#00ff00" cellpadding="10">
    <tr>
        <td>第一行第一列</td>
        <td>第一行第二列</td>
    </tr>
    <tr>
```

```
        <td>第二行第一列</td>
        <td>第二行第二列</td>
    </tr>
</table>
```

（2）保存该HTML文档。

（3）双击该文档，效果如图5.10所示，可以与例5.8结果进行比较。

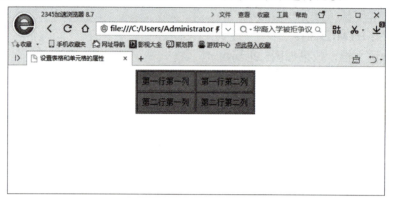

图5.10　设置单元格边沿与内容之间有间隔的表格

5）cellspacing

cellspacing设置单元格之间的空白距离。

语法：

```
<table cellspacing="属性值">
```

属性值：

值	描述
数值（单位为像素）	单元格之间的空白距离

例5.10：

（1）在Dreamweaver CS6中新建一个HTML文档，主要代码如下：

```
<table border="1" align="center" bgcolor="#00ff00" cellspacing="10">
    <tr>
        <td>第一行第一列</td>
        <td>第一行第二列</td>
    </tr>
    <tr>
        <td>第二行第一列</td>
        <td>第二行第二列</td>
    </tr>
</table>
```

（2）保存该HTML文档。

（3）双击该文档，效果如图5.11所示，可以与例5.9结果进行比较。

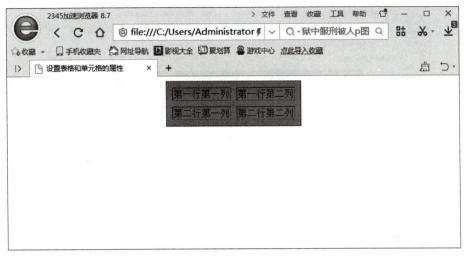

图5.11 设置单元格间距的表格

提示：cellpadding和cellspacing属性在进行网页布局时非常有用。

6）width

width属性用于设置表格的宽度。

如果没有设置width属性，表格会根据内容自动显示宽度。

语法：

`<table width="属性值">`

属性值：

值	描述
数值（单位为像素）	设置以像素为单位的宽度（例子：width="50"）
%	设置以包含元素的百分比计的宽度（例子：width="50%"）

例5.11：

（1）在Dreamweaver CS6中新建一个HTML文档，主要代码如下：

```
<table border="1" align="center" bgcolor="#00ff00" width="200">
    <tr>
        <td>第一行第一列</td>
        <td>第一行第二列</td>
    </tr>
    <tr>
        <td>第二行第一列</td>
        <td>第二行第二列</td>
    </tr>
</table>
```

（2）保存该HTML文档。

（3）双击该文档，效果如图5.12所示，该结果如下：

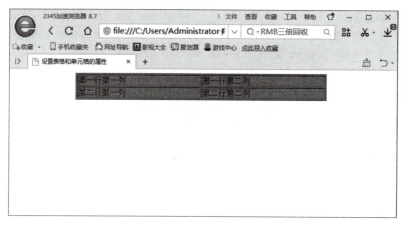

图5.12 设置宽度为某数值的表格

例5.12：

（1）将例5.11表格的width设置成%，代码如下：

```
<table border="1" align="center" bgcolor="#00ff00" width="80%">
    <tr>
        <td>第一行第一列</td>
        <td>第一行第二列</td>
    </tr>
    <tr>
        <td>第二行第一列</td>
        <td>第二行第二列</td>
    </tr>
</table>
```

（2）保存该HTML文档。

（3）双击该文档，效果如图5.13所示，表格宽度以浏览器作为参照物，显示浏览器宽度的80%。

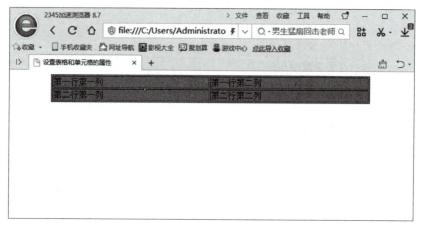

图5.13 设置宽度为百分比的表格

7）summary

summary属性设置表格内容的摘要，但在普通浏览器中不会产生任何视觉变化。屏幕阅读器可以利用该属性。

语法：

```
<table summary="属性值">
```

属性值：

值	描述
文本	表格内容的摘要

例5.13：

（1）在Dreamweaver CS6中新建一个HTML文档，主要代码如下：

```
<table border="1" align="center" bgcolor="#00FF00" width="80%" summary="表格摘要">
    <tr>
        <td>第一行第一列</td>
        <td>第一行第二列</td>
    </tr>
    <tr>
        <td>第二行第一列</td>
        <td>第二行第二列</td>
    </tr>
</table>
```

（2）保存该HTML文档。

（3）双击该文档，在浏览器查看结果，浏览器并无效果，如图5.14所示。

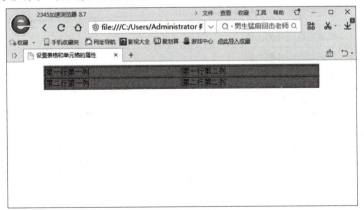

图5.14　设置摘要的表格

8）rules

rules属性设置表格内侧边框的哪个部分是可见的。

rules属性在Firefox和Opera浏览器中显示正确，但在Internet Explorer、Chrome以及Safari 3浏览器中显示并不正确。

提示：从实用角度出发，最好不要使用rules，而是使用CSS来添加边框样式。
语法：

`<table rules="属性值">`

属性值：

值	描述
none	没有线条
groups	位于行组和列组之间的线条
rows	位于行之间的线条
cols	位于列之间的线条
all	位于行和列之间的线条

9）frame

frame设置表格外侧的哪个部分是可见的。

除了Internet Explorer外，其他浏览器都支持frame属性。

提示：从实用角度出发，最好不要使用frame，而是使用CSS来添加边框样式。
语法：

`<table frame="属性值">`

属性值：

值	描述
void	不显示外侧边框
above	显示上部的外侧边框
below	显示下部的外侧边框
hsides	显示上部和下部的外侧边框
vsides	显示左边和右边的外侧边框
lhs	显示左边的外侧边框
rhs	显示右边的外侧边框
box	在所有四个边上显示外侧边框
border	在所有四个边上显示外侧边框

2．行的属性

属性	值	描述
height	数值	设置表格行的高度
align	right left center justify char	定义表格行中内容的水平对齐方式
bgcolor	rgb(x,x,x) #xxxxxx colorname	设置表格行的背景颜色 提示：不建议使用该属性，请使用样式代替

续表

属性	值	描述
valign	top middle bottom baseline	设置表格行中内容的垂直对齐方式
char	character	设置根据哪个字符来进行文本对齐 提示：不建议使用，几乎没有浏览器支持
charoff	number	设置第一个对齐字符的偏移量 提示：不建议使用，几乎没有浏览器支持

1）height

height属性用于设置表格行的高度。

语法：

```
<tr height="值">
```

属性值：

值	描述
数值（单位为像素）	设置表格行的高度

例5.14：

（1）在Dreamweaver CS6中新建一个HTML文档，主要代码如下：

```
<table border="1" width="500">
    <caption>销售统计表</caption>
    <tr align="center" bgcolor="#FF0000" height="50">
       <th>月份</th>
       <th>销售额</th>
    </tr>
    <tr align="center" height="40">
       <td>一月</td>
       <td>￥100</td>
    </tr>
</table>
```

（2）保存该HTML文档。

（3）双击该文档，在浏览器查看结果，如图5.15所示。

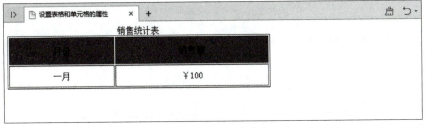

图5.15　设置行高

2）align

align用于设置表格行中内容的水平对齐方式。

语法：

```
<tr align="属性值">
```

属性值：

值	描述
left	该行所有单元格内容左对齐（默认值）
center	该行所有单元格内容居中对齐
right	该行所有单元格内容右对齐
justify	对行进行伸展，这样每行都可以有相等的长度（就像在报纸和杂志中）
char	将内容对准指定字符

提示：IE无法正确地处理"justify"值，IE会以居中的方式进行处理。

例5.15：

（1）在Dreamweaver CS6中新建一个HTML文档，主要代码如下：

```
<table border="1" width="500">
    <caption>销售统计表</caption>
    <tr align="left">
      <th>月份</th>
      <th>销售额</th>
    </tr>
    <tr align="center">
      <td>一月</td>
      <td>¥100</td>
    </tr>
    <tr align="right">
      <td>二月</td>
      <td>¥80</td>
    </tr>
    <tr align="justify">
      <td>三月</td>
      <td>¥120</td>
    </tr>
    <tr align="char">
      <td>四月</td>
      <td>¥780</td>
    </tr>
</table>
```

（2）保存该HTML文档。

（3）双击该文档，在浏览器查看结果，如图5.16所示。

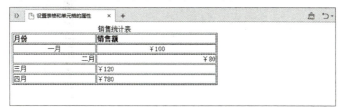

图5.16　表格行的水平对齐方式

3）bgcolor

bgcolor用于设置表格行的背景颜色。

语法：

```
<tr bgcolor="属性值">
```

属性值：

值	描述
rgb（x, x, x）	颜色值为rgb代码的背景颜色（如"rgb（255，0，0）"）
#xxxxxx	颜色值为十六进制值的背景颜色（如"#ff0000"）
colorname	颜色值为颜色名称的背景颜色（如"red"）

提示：在HTML 4.01中，不建议使用tr标签的bgcolor属性，可使用CSS样式代替。

例5.16：

（1）在Dreamweaver CS6中新建一个HTML文档，主要代码如下：

```
<table border="1" width="500">
    <caption>销售统计表</caption>
    <tr align="center" bgcolor="#FF0000">
        <th>月份</th>
        <th>销售额</th>
    </tr>
    <tr align="center">
        <td>一月</td>
        <td>￥100</td>
    </tr>
</table>
```

（2）保存该HTML文档。

（3）双击该文档，在浏览器查看结果，如图5.17所示，该表格第一行带有红色背景色。

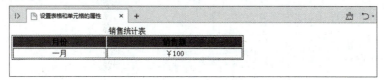

图5.17　设置表格行的背景色

4）valign

valign用于设置表格行中内容的垂直对齐方式。

语法：

```
<tr valign="属性值">
```

属性值：

值	描述
top	对该行单元格的内容进行顶端对齐
middle	对该行单元格的内容进行居中对齐（默认值）
bottom	对该行单元格的内容进行底端对齐
baseline	与基线对齐

基线是一条虚构的线。在一行文本中，大多数字母以基线为基准。baseline值设置行中的所有表格数据都分享相同的基线。该值的效果常常与bottom值相同。不过，如果文本的字号各不相同，那么baseline的效果会更好，如图5.18所示。

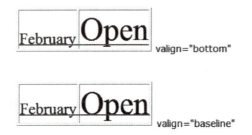

图5.18　设置bottom与baseline对齐的效果

例5.17：

（1）在Dreamweaver CS6中新建一个HTML文档，主要代码如下：

```
<table border="1" width="500">
    <caption>销售统计表</caption>
    <tr valign="top" height="80">
      <th>月份</th>
      <th>销售额</th>
    </tr>
    <tr valign="middle" height="80">
      <td>一月</td>
      <td>￥100</td>
    </tr>
    <tr valign="bottom" height="80">
      <td>二月</td>
      <td>￥80</td>
    </tr>
```

```
    <tr align="baseline" height="80">
        <td>三月</td>
        <td>¥120</td>
    </tr>
</table>
```

（2）保存该HTML文档。

（3）双击该文档，在浏览器查看结果，如图5.19所示。

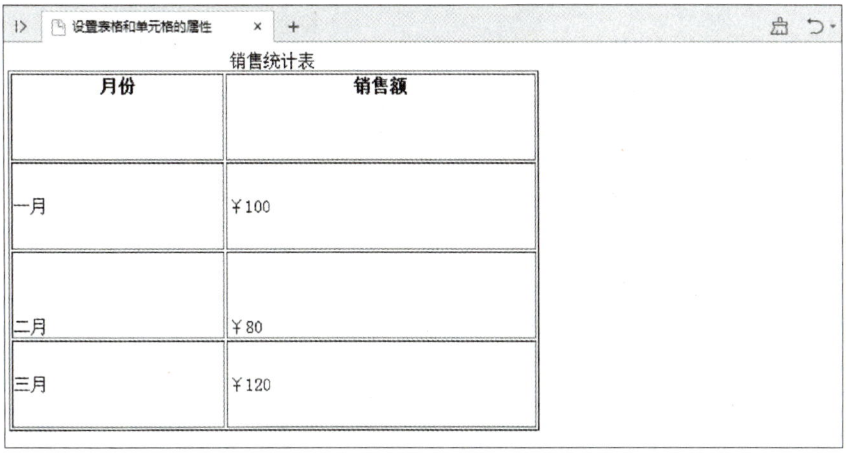

图5.19　设置表格行的垂直对齐方式

3. 单元格的常用属性

属性	值	描述
width	数值 %	设置单元格的宽度 提示：不建议使用该属性，请使用样式代替
height	数值 %	设置单元格的高度 提示：不建议使用该属性，请使用样式代替
align	left center right justify char	设置单元格内容的水平对齐方式
valign	top middle bottom baseline	设置单元格内容的垂直对齐方式
bgcolor	rgb(x,x,x) #xxxxxx colorname	设置单元格的背景颜色 提示：不建议使用该属性，请使用样式代替
colspan	数值	设置单元格可横跨的列数（列合并）
rowspan	数值	设置单元格可横跨的行数（行合并）
nowrap	nowrap	设置单元格中的内容不换行 提示：不建议使用该属性，请使用样式代替

1）width

width用于设置单元格的宽度。

如果没有设置width属性，单元格会根据内容自动显示宽度。

虽然不建议使用width属性，但是所有浏览器都支持它。

语法：

```
<td width="属性值">
```

属性值：

值	描述
数值（单位为像素）	设置以像素为单位的宽度（例子：width="50"）
%	设置以包含元素的百分比计的宽度（例子：width="50%"）

例5.18：

（1）在Dreamweaver CS6中新建一个HTML文档，主要代码如下：

```
<table border="1" >
    <caption>销售统计表</caption>
    <tr align="center" bgcolor="#FF0000" height="50">
      <th width="200">月份</th>
      <th width="50%">销售额</th>
    </tr>
    <tr align="center" height="40">
      <td>一月</td>
      <td>￥100</td>
    </tr>
</table>
```

（2）保存该HTML文档。

（3）双击该文档，在浏览器查看结果，如图5.20所示。

图5.20　设置单元格的宽度

注意：

（1）如果对表格的每个单元格都设置了宽度，则可以不用再设置表格的宽度和下面各行单元格的宽度。

```
<table border="1" >   <!--表格第一行每个单元格都设置了宽度，无须给表格设置宽度--!>
    <caption>销售统计表</caption>
    <tr align="center" bgcolor="#FF0000" height="50">
      <th width="200">月份</th>
      <th width="50%">销售额</th>
```

```
    </tr>
    <tr align="center" height="40">
       <td>一月</td>    <!--无须给单元格设置宽度,该宽度与上一行的宽度一致--!>
       <td>¥100</td>   <!--无须单元格设置宽度,该宽度与上一行的宽度一致--!>
    </tr>
</table>
```

（2）假设表格有两列，如果设置表格的宽度，单元格只需要设置一列宽度即可，另一列宽度浏览器会自动计算显示。

```
<table border="1" width="500" >   <!--表格设置宽度--!>
    <caption>销售统计表</caption>
    <tr align="center" bgcolor="#FF0000" height="50">
       <th width="200">月份</th>    <!--单元格设置宽度--!>
       <th>销售额</th>               <!--该单元格无须设置宽度--!>
    </tr>
    <tr align="center" height="40">
       <td>一月</td>    <!--无须给单元格设置宽度,该宽度与上一行的宽度一致--!>
       <td>¥100</td>   <!--无须给单元格设置宽度,该宽度与上一行的宽度一致--!>
    </tr>
</table>
```

2）height

height属性用于设置单元格的高度。

如果没有设置height属性，单元格会根据内容自动显示高度。

虽然不建议使用height属性，但是所有浏览器都支持它。

语法：

```
<td height="值">
```

属性值：

值	描述
数值（单位为像素）	以像素计的高度（比如"100px"）
%	以百分比计的高度（比如"20%"）

例5.19：

（1）在Dreamweaver CS6中新建一个HTML文档，主要代码如下：

```
<table border="1" >
    <caption>销售统计表</caption>
    <tr align="center" bgcolor="#FF0000">
       <th width="200" height="50">月份</th>
       <th width="50%">销售额</th>
    </tr>
```

```
    <tr align="center" >
        <td height="40">一月</td>
        <td>￥100</td>
    </tr>
</table>
```

（2）保存该HTML文档。

（3）双击该文档，在浏览器查看结果，如图5.21所示。

图5.21 设置单元格的高度

注意：

（1）如果对表格的行设置了高度，则可以不用对该行的单元格设置高度。

```
<table border="1" >
    <caption>销售统计表</caption>
    <tr align="center" bgcolor="#FF0000" height="50">
        <th width="200">月份</th>        <!--该单元格无须设置高度-->
        <th width="50%">销售额</th>      <!--该单元格无须设置高度-->
    </tr>
    <tr align="center" >
        <td height="30" >一月</td>
        <td height="30" >￥100</td>
    </tr>
</table>
```

（2）如果对位于同一行的某个单元格设置了高度，则可以不用对该行的其他单元格设置高度。若设置高度不同，则以该行高度设置最高值的单元格为主。

```
<table border="1" >
    <caption>销售统计表</caption>
    <tr align="center" bgcolor="#FF0000">
        <th width="200" height="30">月份</th>       <--该单元格设置高度-->
        <th width="50%">销售额</th>                 <--该单元格无须设置高度-->
    </tr>
    <tr align="center" >
        <td height="30" >一月</td>
        <td height="40" >￥100</td>       <!--该行所有单元格高度都为40-->
    </tr>
</table>
```

3）align

align属性用于设置单元格内容的水平对齐方式。

语法：

```
<td align="属性值">
```

属性值：

值	描述
left	单元格内容左对齐（默认值）
center	单元格内容居中对齐
right	单元格内容右对齐
justify	对行进行伸展，这样每行都可以有相等的长度（就像在报纸和杂志中）
char	将内容对准指定字符

提示：IE无法正确地处理"justify"值，IE会以居中的方式进行处理。

例5.20：

（1）在Dreamweaver CS6中新建一个HTML文档，主要代码如下：

```
<table border="1" >
    <caption>销售统计表</caption>
    <tr align="center" bgcolor="#FF0000">
        <th width="200" height="50" align="left">月份</th>
        <th width="50%" align="center">销售额</th>
    </tr>
    <tr align="center">
        <td height="40" align="right">一月</td>
        <td align="justify">¥100</td>
    </tr>
    <tr>
        <td height="40" align="char">二月</td>
        <td>¥100</td>
    </tr>
</table>
```

（2）保存该HTML文档。

（3）双击该文档，在浏览器查看结果，如图5.22所示。

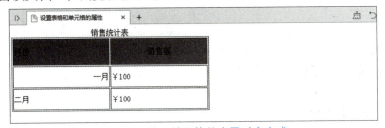

图5.22　设置单元格的水平对齐方式

4）valign

valign用于设置单元格内容的垂直对齐方式。

语法：

```
<td valign="属性值">
```

属性值：

值	描述
top	对该行单元格的内容进行顶端对齐
middle	对该行单元格的内容进行居中对齐（默认值）
bottom	对该行单元格的内容进行底端对齐
baseline	与基线对齐

例5.21：

（1）在Dreamweaver CS6中新建一个HTML文档，主要代码如下：

```
<table border="1" >
    <caption>销售统计表</caption>
    <tr align="center" bgcolor="#FF0000">
      <th width="200" height="50" valign="top">月份</th>
      <th width="50%" valign="middle">销售额</th>
    </tr>
    <tr align="center">
      <td height="40" valign="bottom">一月</td>
      <td align="baseline">￥100</td>
    </tr>
</table>
```

（2）保存该HTML文档。

（3）双击该文档，在浏览器查看结果，如图5.23所示。

图5.23　设置单元格的垂直对齐方式

（5）bgcolor

bgcolor用于设置单元格的背景颜色。

语法：

```
<td bgcolor="属性值">
```

属性值：

值	描述
rgb（x，x，x）	颜色值为rgb代码的背景颜色（如"rgb（255，0，0）"）
#xxxxxx	颜色值为十六进制值的背景颜色（如"#ff0000"）
colorname	颜色值为颜色名称的背景颜色（如"red"）

提示：在HTML 4.01中，不建议使用<td>标签的bgcolor属性，可使用CSS样式代替。

例5.22：

（1）在Dreamweaver CS6中新建一个HTML文档，主要代码如下：

```
<table border="1">
    <caption>销售统计表</caption>
    <tr align="center" bgcolor="#FF0000">
      <th width="200" height="50" valign="top" bgcolor="#0033CC">月份</th>
      <th width="50%" valign="middle" bgcolor="#99FF33">销售额</th>
    </tr>
    <tr align="center">
      <td height="40" valign="bottom" bgcolor="#CC3333">一月</td>
      <td align="baseline">￥100</td>
    </tr>
</table>
```

（2）保存该HTML文档。

（3）双击该文档，在浏览器查看结果，如图5.24所示，该表格第一行带有红色背景色：

图5.24 设置单元格的背景色

注意：当既设置表格行的背景色又设置该行单元格的背景色时，将以单元格背景色为主。

6）colspan

colspan用于设置单元格可横跨的列数，即合并单元格（列合并）。

语法：

`<td colspan="属性值">`

属性值：

值	描述
数值	设置单元格可横跨的列数

例5.23：

（1）在Dreamweaver CS6中新建一个HTML文档，主要代码如下：

```
<table border="1">
    <caption>
        专业设置及在校生人数表
    </caption>
    <tr align="center">
        <td colspan="4" bgcolor="#ddeeff">计算机及应用专业</td>
    </tr>
    <tr align="center">
        <td>2014级</td>
        <td>2015级</td>
        <td>2016级</td>
        <td>2017级</td>
    </tr>
    <tr align="center">
        <td>120人</td>
        <td>150人</td>
        <td>200人</td>
        <td>300人</td>
    </tr>
</table>
```

（2）保存该HTML文档。

（3）双击该文档，在浏览器查看结果，如图5.25所示，该表格第一行带有红色背景色：

图5.25　单元格的列合并

7）rowspan

rowspan用于设置单元格可横跨的行数，即合并单元格（行合并）。

语法：

```
<td rowspan="属性值">
```

属性值：

值	描述
数值	设置单元格可横跨的行数

例5.24：

（1）在Dreamweaver CS6中新建一个HTML文档，主要代码如下：

```html
<table width="500" border="1">
    <caption>
        在校生人数表
    </caption>
    <tr>
        <td width="116" rowspan="2" align="center">福建人民学校</td>
        <td width="90" align="center">2014级</td>
        <td width="85" align="center">2015级</td>
        <td width="92" align="center">2016级</td>
        <td width="83" align="center">2017级</td>
    </tr>
    <tr>
        <td align="center">120人</td>
        <td align="center">150人</td>
        <td align="center">200人</td>
        <td align="center">300人</td>
    </tr>
</table>
```

（2）保存该HTML文档。

（3）双击该文档，在浏览器查看结果，如图5.26所示，该表格第一行带有红色背景色：

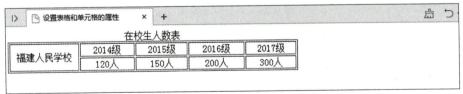

图5.26　单元格的行合并

8）nowrap

nowrap用于设置表格单元格中的内容不换行。

虽然不建议使用nowrap属性，但是所有浏览器都支持。

语法：

```html
<td nowrap="属性值">
```

属性值：

值	描述
nowrap	设置表格单元格中的内容不换行

提示：在HTML 4.01中，不建议使用<td>标签的nowrap属性，可使用CSS样式代替。

例5.25：

（1）在Dreamweaver CS6中新建一个HTML文档，主要代码如下：

```html
<table border="1" width="200">
      <caption>
              古诗鉴赏
   </caption>
    <tr>
        <td align="center">古诗</td>
        <td align="center">作者</td>
    </tr>
    <tr>
        <td align="center" widht="200" nowrap="nowrap">床前明月光，疑是地上霜。举头望明月，低头思故乡。</td>
        <td align="center">李白</td>
    </tr>
</table>
```

（2）保存该HTML文档。

（3）双击该文档，在浏览器查看结果，如图5.27所示。

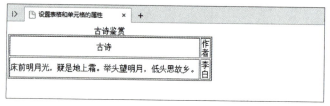

图5.27　单元格不换行

未添加nowrap属性的效果如图5.28所示。

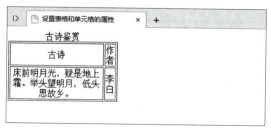

图5.28　单元格换行

4．表格嵌套

单元格中的内容不仅可以包括文字、图片、视频等，还可以嵌套表格。

例5.26：
```html
<table border="1" width="500">
    <tr>
        <td width="20%">福州学校</td>
        <td width="80%">
            <table width="100%" border="1">
              <tr>
                <td>星期一</td>
                <td>星期二</td>
                <td>星期三</td>
                <td>星期四</td>
                <td>星期五</td>
              </tr>
              <tr>
                <td>语文</td>
                <td>英语</td>
                <td>数学</td>
                <td>语文</td>
                <td>英语</td>
              </tr>
              <tr>
                <td>语文</td>
                <td>英语</td>
                <td>数学</td>
                <td>语文</td>
                <td>英语</td>
              </tr>
              <tr>
                <td>数学</td>
                <td>语文</td>
                <td>英语</td>
                <td>英语</td>
                <td>自习</td>
              </tr>
              <tr>
                <td>数学</td>
                <td>语文</td>
                <td>英语</td>
```

```html
                <td>英语</td>
                <td>自习</td>
            </tr>
        </table>
    </td>
</tr>
<tr>
    <td>福建学校</td>
    <td>
        <table width="100%" border="1">
          <tr>
            <td>星期一</td>
            <td>星期二</td>
            <td>星期三</td>
            <td>星期四</td>
            <td>星期五</td>
          </tr>
          <tr>
            <td>数学</td>
            <td>语文</td>
            <td> </td>
            <td>英语</td>
            <td> </td>
          </tr>
          <tr>
            <td>数学</td>
            <td>语文</td>
            <td> </td>
            <td>英语</td>
            <td> </td>
          </tr>
          <tr>
            <td> </td>
            <td> </td>
            <td>英语</td>
            <td>数学</td>
            <td>班会</td>
          </tr>
```

```
                <tr>
                    <td> </td>
                    <td> </td>
                    <td>英语</td>
                    <td>数学</td>
                    <td>班会</td>
                </tr>
            </table>
        </td>
    </tr>
</table>
```

效果如图5.29所示。

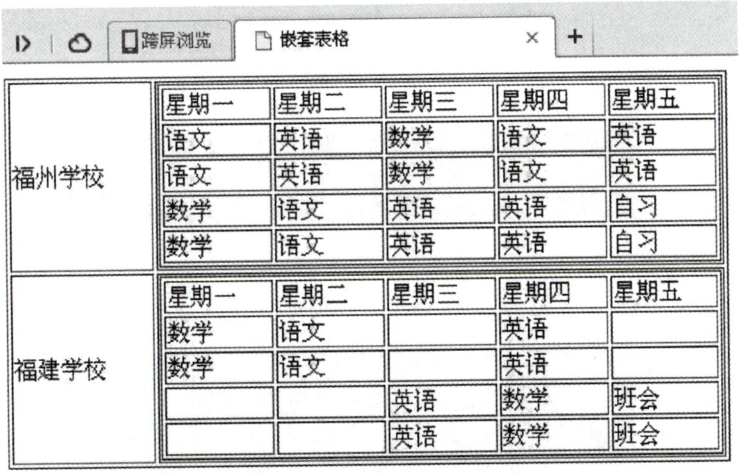

图5.29 表格嵌套

可以看出，在第一行第二列和第二行第二列分别嵌套插入表格，表格宽度设置为100%，以便占满整个单元格，可以根据实际情况具体设置。

5.3 使用表格布局页面

表格除了应用于组织数据外（如成绩单、工资表、销售表等），还可以应用于版面布局。利用表格可以将网页元素组织成一个完整页面。

前面学了html一些常用的标签和属性，现在运用这些标签实现网页布局，先来看一张效果图，如图5.30所示。

图5.30 网页效果图

要实现该效果图,可以将该页面分成四个区域,如图5.31所示。

图5.31 网页布局

1. 可以使用四行一列的表格进行布局，代码如下（为了使阅读效果更佳，为单元格设置背景色加以区别）

例5.27：

```
<table width="1349" border="0" cellspacing="0" cellpadding="0" align="center">
    <tr>
      <td height="90" bgcolor="#FF3D62">  </td>
    </tr>
    <tr>
      <td height="600" bgcolor="#0F59F6">  </td>
    </tr>
    <tr>
      <td height="890" bgcolor="#3DFF2D">  </td>
    </tr>
    <tr>
      <td height="220" bgcolor="#C30486">  </td>
    </tr>
</table>
```

效果如图5.32所示。

图5.32 四行一列的表格

提示：为了使显示的页面更加美观，可以通过设置页面上边距属性和左边距属性的属性值使页面与浏览器没有距离：

```
<body topmargin="0" leftmargin="0">
```

2. 在第一行第一列嵌套插入一个一行七列的表格

例5.28：

```html
<table width="1349" border="0" cellspacing="0" cellpadding="0" align="center">
    <tr>
<td height="90">
            <!--嵌套插入一个表格-->
            <table width="100%" border="0" cellspacing="0" cellpadding="0">
        <tr>
            <td width="100">  </td>
            <td><img src="images/logo.jpg" /></td>
            <td width="100">首页</td>
            <td width="100">公司简介</td>
            <td width="100">团队介绍</td>
            <td width="100">投资领域</td>
            <td width="100">成功案例</td>
            <td width="150">联系我们<br /></td>
        </tr>
    </table>
    </td>
</tr>
<tr>
    <td height="600" bgcolor="#0F59F6">  </td>
</tr>
<tr>
    <td height="890" bgcolor="#3DFF2D">  </td>
</tr>
<tr>
    <td height="220" bgcolor="#C30486">  </td>
</tr>
</table>
```

效果如图5.33所示。

图5.33 第一行布局效果

3. 在第二行第一列插入图片

例5.29：

```html
<table width="1349" border="0" cellspacing="0" cellpadding="0" align="center">
  <tr>
<td height="90">
            <!--嵌套插入一个表格-->
        <table width="100%" border="0" cellspacing="0" cellpadding="0">
          <tr>
            <td width="100">  </td>
            <td><img src="images/logo.jpg" /></td>
            <td width="100">首页</td>
            <td width="100">公司简介</td>
            <td width="100">团队介绍</td>
            <td width="100">投资领域</td>
            <td width="100">成功案例</td>
            <td width="150">联系我们<br/></td>
          </tr>
        </table>


    </td>
  </tr>
  <tr>
    <td height="600"><img src="images/ad.jpg" /></td>
  </tr>
  <tr>
    <td height="890" bgcolor="#3DFF2D">  </td>
  </tr>
  <tr>
    <td height="220" bgcolor="#C30486">  </td>
  </tr>
</table>
```

效果如图5.34所示。

图5.34　第二行布局效果

4. 在表格第三行第一列嵌套插入一个两行三列的表格

例5.30：

```html
<table width="1349" border="0" cellspacing="0" cellpadding="0" align="center">
    <tr>
      <td height="90">
          <!--嵌套插入一个表格-->
          <table width="100%" border="0" cellspacing="0" cellpadding="0">
            <tr>
              <td width="100">  </td>
              <td><img src="images/logo.jpg" /></td>
              <td width="100">首页</td>
              <td width="100">公司简介</td>
              <td width="100">团队介绍</td>
              <td width="100">投资领域</td>
              <td width="100">成功案例</td>
              <td width="150">联系我们<br/></td>
            </tr>
          </table>

      </td>
    </tr>
    <tr>
      <td height="600"><img src="images/ad.jpg" /></td>
    </tr>
    <tr>
      <td height="890" bgcolor="#F5F6F8">
          <!--嵌套插入两行三列的表格-->
          <!--注意：该表格单元格之间有间隔，因此需设置表格的cellspacing属性-->
          <table border="0" cellspacing="3" cellpadding="0" align="center">
             <tr>
                    <td width="373" height="382" align="center" bgcolor="#FFFFFF"><img src="images/p1.jpg" width="93" height="142" /></td>
                    <td width="373" height="382" align="center" bgcolor="#FFFFFF"><img src="images/p2.jpg" width="129" height="142" /></td>
                    <td width="373" height="382" align="center" bgcolor="#FFFFFF"><img src="images/p3.jpg" width="125" height="142" /></td>
             </tr>
```

```
            <tr>
                <td width="373" height="382" align="center" bgcolor="#FFFFFF"><img src="images/p4.jpg" width="93" height="147" /></td>
                <td width="373" height="382" align="center" bgcolor="#FFFFFF"><img src="images/p5.jpg" width="129" height="147" /></td>
                <td width="373" height="382" align="center" bgcolor="#FFFFFF"><img src="images/p6.jpg" width="125" height="147" /></td>
            </tr>
        </table>
    </td>
  </tr>
  <tr>
    <td height="220" bgcolor="#C30486">  </td>
  </tr>
</table>
```

效果如图5.35所示。

图5.35　第三行布局效果

5. 在表格第四行第一列嵌套插入一个两行三列的表格

例5.31：

```
<table width="1349" border="0" cellspacing="0" cellpadding="0" align="center">
    <tr>
        <td height="90">
            <!--嵌套插入一个表格-->
            <table width="100%" border="0" cellspacing="0" cellpadding="0">
                <tr>
```

```html
            <td width="100">  </td>
            <td><img src="images/logo.jpg" /></td>
            <td width="100">首页</td>
            <td width="100">公司简介</td>
            <td width="100">团队介绍</td>
            <td width="100">投资领域</td>
            <td width="100">成功案例</td>
            <td width="150">联系我们<br/></td>
          </tr>
        </table>

      </td>
    </tr>
    <tr>
      <td height="600"><img src="images/ad.jpg" /></td>
    </tr>
    <tr>
      <td height="890" bgcolor="#F5F6F8">
        <!--嵌套插入两行三列的表格-->
        <!--注意：该表格单元格之间有间隔，因此需设置表格的cellspacing属性-->
        <table border="0" cellspacing="3" cellpadding="0" align="center">
          <tr>
                      <td width="373" height="382" align="center" bgcolor="#FFFFFF"><img src="images/p1.jpg" width="93" height="142" /></td>
                      <td width="373" height="382" align="center" bgcolor="#FFFFFF"><img src="images/p2.jpg" width="129" height="142" /></td>
                      <td width="373" height="382" align="center" bgcolor="#FFFFFF"><img src="images/p3.jpg" width="125" height="142" /></td>
          </tr>
          <tr>
                      <td width="373" height="382" align="center" bgcolor="#FFFFFF"><img src="images/p4.jpg" width="93" height="147" /></td>
                      <td width="373" height="382" align="center" bgcolor="#FFFFFF"><img src="images/p5.jpg" width="129" height="147" /></td>
                      <td width="373" height="382" align="center" bgcolor="#FFFFFF"><img src="images/p6.jpg" width="125" height="147" /></td>
```

```html
            </tr>
        </table>
    </td>
</tr>
<tr>
    <td height="220" bgcolor="#000000">
        <!--嵌套插入一个两行三列的表格-->
        <table width="1136" border="0" cellspacing="0" cellpadding="0" align="center">
            <tr>
                <td width="565">
                    <p><font color="#ffffff" face="微软雅黑">联系我们</font></p>
                    <p><font color="#999999" face="微软雅黑" size="2">地址：北京市朝阳区东四环中路82号金长安大厦B2座11层<br/>
                    电话：010-87765533<br/>
                    传真：010-87510121</font></p>
                </td>
                <td width="305">
                    <p><font color="#ffffff" face="微软雅黑">网站地图</font></p>
                    <p><font color="#999999" face="微软雅黑" size="2">首页<br/>
                    公司介绍<br/>
                    团队介绍</font></p>
                </td>
                <td width="269">
                    <p><font color="#ffffff" face="微软雅黑">反馈</font></p>
                    <img src="images/input.jpg" /><br/><br/>
                </td>
            </tr>
            <tr>
                <td colspan="3" align="center" height="80" valign="bottom">
                    <font color="#999999" face="微软雅黑" size="3">Copyright © 景天控股集团　版权所有</font></td>
            </tr>
        </table>
    </td>
</tr>
</table>
```

说明：由于表单还未学习，因此该网页的文本框使用图片显示。

效果如图5.36所示。

图5.36　第四行布局效果

说明：布局就是以最合适浏览的方式将图片和文字排放在页面的不同位置。不同的制作者会有不同的布局设计，因此网页布局没有标准答案，可根据实际情况设计。

5.4　上机实训

1. 用HTML语言实现下列表格（见效果图）

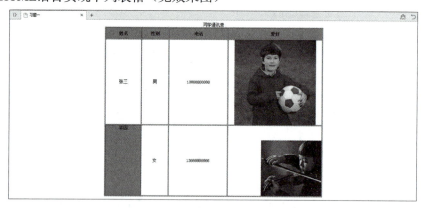

2. 用HTML语言实现下列表格（见效果图）

3. 用HTML语言实现下列表格（见效果图）

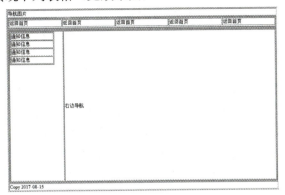

4. 使用表格实现该网页的布局（见效果图）

第6章 制作表单页面

表单是用于实现网页浏览者与服务器之间信息交互的一种页面元素，在WWW上它被广泛用于各种信息的搜集和反馈。表单使网页具有交互的功能，用户不再单纯地接受和阅读来自Web服务器的信息，也可以把自己的要求发送给服务器，经过服务器的ASP、PHP或JSP等脚本程序的处理后，其将用户所需信息传送回客户端的浏览器上，这样网页就具有了交互性。

本章要点 ➪ （1）掌握表单的定义；
（2）学习如何建立表单；
（3）学习如何输入多种标记；
（4）掌握多种文本框的建立方法；
（5）了解Spry表单验证设置方法。

6.1 初始表单

1．表单的定义

HTML表单用于接收不同类型的用户输入，用户提交表单时向服务器传输数据，从而实现用户与Web服务器的交互。

在HTML中使用<form>标签定义表单，表单包含input域，比如文本框、复选框、单选框和提交按钮等。

例6.1：

（1）在Dreamweaver CS6中新建一个HTML文档，主要代码如下：

```
<form action="form_action.asp" method="get">
  <p>用户名：<input type="text" name="username" /></p>
  <p>密码：<input type="password" name="userpwd" /></p>
  <input type="submit" value="登录" />
</form>
```

（2）保存该HTML文档。

（3）双击该文档，在浏览器查看结果，如图6.1所示，该结果显示一个可以和用户交互的表单：

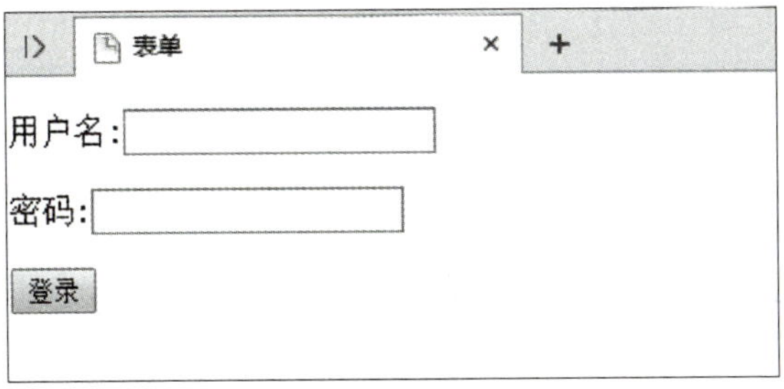

图6.1 表单

2. 表单的常用属性

属性名称	值	描述
action	URL	定义提交表单时向何处发送表单数据
method	get post	规定用于发送表单数据的HTTP方法
name	form_name	定义表单的名称
target	_blank _self _parent _top framename	定义在何处打开action URL
enctype	见说明	定义在发送表单数据之前如何对其进行编码
autocomplete	on off	设置是否启用表单的自动完成功能 提示：该属性是HTML5的新属性
novalidate	novalidate	如果使用该属性，则提交表单时不进行验证 提示：该属性是HTML5的新属性

1) action

此属性定义提交表单时向何处发送表单数据。此属性为表单必须属性。

语法：

```
<form action="URL">
```

属性值：

值	描述
URL	向何处发送表单数据。 可能的值： • 绝对 URL - 指向其他站点（比如 src="www.example.com/example.html"） • 相对 URL - 指向站点内的文件（比如 src="example.html"）

例6.1中，当用户单击"提交"按钮时，表单将数据提交到站点内的form_action.asp文件中进行下一步的处理。

2) method

method属性定义如何发送表单数据（表单数据发送到action属性所指定的页面）。

表单数据可以作为URL变量（method="get"）或者HTTP post（method="post"）的方式来发送。

语法：

```
<form method="属性值">
```

属性值：

值	描述
get	表单数据作为URL变量（method="get"）提交到指定文件
post	表单数据按分段传输的方法将数据发送给服务器，此方法传送数据对于用户是透明的

浏览器使用method属性设置的方法将表单中的数据传送给服务器进行处理。共有两种方法：POST方法和GET方法。

当采用GET方法时，浏览器会与表单处理服务器建立连接，然后直接在一个传输步骤中发送所有的表单数据；浏览器会将数据直接附在表单的action URL之后，两者之间用?进行分隔，传递的多个参数之间使用&分隔，如例6.1中，设置属性method="get"，运行该HTML，在用户名框输入aaa，在密码框中输入123，如图6.2所示。

图6.2　输入信息的表单

当单击"登录"按钮时，表单将提交到form_action.asp，观察URL可发现传递的数据附在URL后，使用?分隔，多个参数之间用&分隔，如图6.3所示。

form_action.asp?username=aaa&userpwd=123

图6.3　带参数的URL

当采用POST方法时，浏览器会按照下面两个步骤来发送数据。首先，浏览器将与action 属性中指定的表单处理服务器建立联系；其次，一旦建立连接，浏览器就会按分段传输的方法将数据发送给服务器。

在服务器端，一旦POST样式的应用程序开始执行，就应该从一个标志位置读取参数，而一旦读到参数，在应用程序能够使用这些表单值以前，必须对这些参数进行解码。用户特定的服务器会明确指定应用程序应该如何接收这些参数。

一般浏览器通过上述任何一种方法都可以传输表单信息，而有些服务器只接收其中一种方法提供的数据。可以在<form>标签的method（方法）属性中指明表单处理服务器要用哪种方法来处理数据，是POST方法还是GET方法。

3）name

name属性定义了表单的名称，提供了引用表单的方法，便于验证表单或其他需要调用的表单参数。

语法：

```
<form name="属性值">
```

属性值：

值	描述
文本	表单的名称

4）target

target属性定义在何处打开action URL。

语法：

```
<form target="value">
```

属性值：

值	描述
_blank	在新窗口中打开
_self（默认）	在相同的框架中打开
_parent	在父框架集中打开
_top	在整个窗口中打开
framename	在指定的框架中打开

提示：在HTML 4.01中，不赞成使用form元素的target属性。

例6.2：

（1）在Dreamweaver CS6中新建一个HTML文档，主要代码如下：

```
<form action="form_action.html" method="get" target="_blank">
  <p>用户名：<input type="text" name="username" /></p>
  <p>密码：<input type="password" name="userpwd" /></p>
  <input type="submit" value="登录" />
</form>
```

（2）保存该HTML文档。

（3）双击该文档，在浏览器查看该HTML文档，如图6.4所示。

图6.4 输入信息的表单

单击"登录"按钮时，浏览器将新打开一个窗口，并将form_action.html提交到新窗口处理，如图6.5所示。

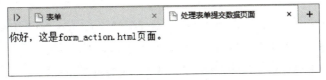

图6.5 新窗口打开表单处理页面

5）enctype

enctype属性定义在发送到服务器之前应该如何对表单数据进行编码。

表单数据默认编码为"application/x-www-form-urlencoded"。就是说，在发送到服务器之前，所有字符都会进行编码（空格转换为"+"加号，特殊符号转换为ASCII HEX值），可以根据实际情况设置是否对字符和特殊字符编码。

语法：

```
<form enctype="value">
```

属性值：

值	描述
application/x-www-form-urlencoded	在发送前编码所有字符（默认）
multipart/form-data	不对字符编码，请求将以二进制进行传输 提示：在使用包含文件上传控件的表单时，必须使用该值
text/plain	使用纯文本形式进行编码，其中不含任何控件或格式字符

（1）application/x-www-form-urlencoded。这是默认的编码类型，使用该类型时，会将表单数据中非字母、数字的字符转换成转义字符，如"%HH"，然后组合成这种形式：key1=value1&key2=value2，所以后端在取数据后，要进行解码。

（2）multipart/form-data。该类型用于高效传输文件、非ASCII数据和二进制数据，将表单数据逐项地分成不同的部分，用指定的分隔符分隔每一部分。每一部分都拥有Content-Disposition头部，指定了该表单项的键名和一些其他信息；每一部分都有可选的Content-Type，不特殊指定就为text/plain。

（3）text/plain。在数据发送到服务器之前将空格转换为加号，但不对特殊编码进行转换。

注意：一般来说，method和enctype是两个不同的互不影响的属性，但在传文件时，method必须要指定为post，否则上传文件后服务器后端只能获取文件名而不能获取文件内容。

如表单包含上传文件域，则enctype必须设置为multipart/form-data，如图6.6所示。

图6.6 含有上传文件的表单

例6.3：

```
<form action="form_action.html" method="post" enctype="multipart/form-data">
  <p>用户名：<input type="text" name="username" /></p>
  <p>密码：<input type="password" name="userpwd" /></p>
  <p>上传文件：<input type="file" name="userfile" /></p>
```

```
    <input type="submit" value="登录" />
</form>
```

3．表单的各种域

表单中可以包含文本框、密码框、单选框、复选框和按钮等，这些称为域。

1）文本框

文本框用于收集用户输入的文本信息。

语法：

```
<input type="text" size="number_of_char" value="value" maxlength="number" disabled=" disabled "name=" field_name ">
```

属性：

属性名称	值	描述
type	text	type="text"定义该域为文本框
size	number_of_char	定义文本框的宽度
value	value	定义文本框的值
maxlength	number	定义输入文本的最大长度
disabled	disabled	加载时禁用此文本框
name	field_name	定义文本框的名称

例6.4：

```
<form action="form_action.html" method="post" >
    <p>普通带有名称的文本框：<input type="text" name="username"/></p>
    <p>带有默认值的文本框：<input type="text" name="username" value="你好"/>该文本框默认值为"你好"，用户可进行编辑</p>
    <p>定义文本框宽度：<input type="text" name="username" size="10"/>该文本框的宽度为10个字符，但可输入的字符可超过10个字符</p>
    <p>定义文本框可输入文本的最大长度：<input type="text" name="username" size="10" maxlength="6"/>该文本框的宽度为10个字符，但输入字符最多不能超过6个字符</p>
    <p>不可编辑的文本框：<input type="text" name="username" size="50" maxlength="6" disabled="disabled"/></p>
</form>
```

结果如图6.7所示。

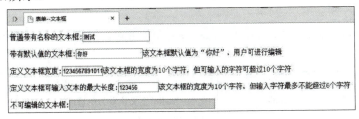

图6.7 "表单—文本框"

2）密码框

密码框用于收集用户输入的密码，用户在密码框输入信息时，将以·显示。

语法：

```
<input type="password" size="number_of_char" value="value" maxlength="number" disabled="disabled" name="field_name">
```

属性：

属性名称	值	描述
type	password	type="password"定义该域为密码框
size	number_of_char	定义密码框的宽度
value	value	定义密码框的值
maxlength	number	定义输入密码的最大长度
disabled	disabled	加载时禁用此密码框
name	field_name	定义密码框的名称

说明：密码框与文本框两者都是用<input>标签定义的，只是type属性的值不一样，type="text"表示文本框，type="password"表示密码框，其他属性含义一样。

例6.5：

```
<form action="form_action.html" method="post">
  <p>用户名：<input type="text" name="username" /></p>
  <p>密码：<input type="password" name="userpwd" /></p>
  <input type="submit" value="登录" />
</form>
```

结果如图6.8所示。

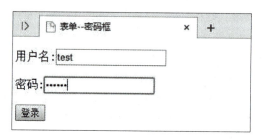

图6.8 "表单—密码框"

3）单选框

单选框即用户只能在一组数据中选择一项，一组数据中的每一项都是互斥关系。

语法：

```
<input type="radio" value="value" disabled="disabled" name="field_name">
```

属性：

属性名称	值	描述
type	radio	type="radio"定义该域为单选框
value	value	定义单选框的值
disabled	disabled	加载时禁用此单选框
name	field_name	定义单选框的名称
checked	checked	定义该单选框加载时为被选中状态

单选框较文本框和密码框多了一个属性：checked，如果设置了该属性，则单选框为选中状态。单选框中name的属性设置也很重要，name属性值相同表示为一组数据。

例6.6：
```
<form action="form_action.html" method="post">
    <p>姓名：<input type="text" name="username" /></p>
    <p>性别：<input type="radio" name="sex" value="男"/>男 <input type="radio" name="sex" value="女" checked="checked"/>女</p>
    <p>年龄：<input type="text" name="age" /></p>
    <p>婚否：<input type="radio" name="ismarried" value="未婚"/>未婚 <input type="radio" name="ismarried" value="已婚"/>已婚</p>
</form>
```

结果如图6.9所示。

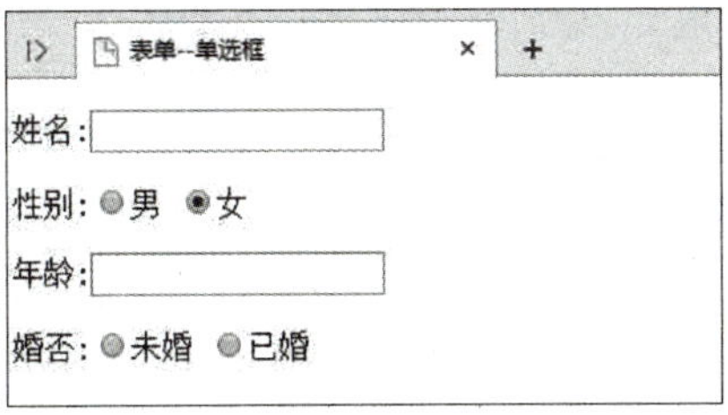

图6.9 "表单—单选框"

可以看出，由于设置<input type="radio" name="sex" value="女" checked="checked"/>，因此性别中"女"默认选中，单选框中性别男和性别女的name属性值一样，因此这两个单选框为一组，它们会产生互斥关系，即选中"男"，"女"就不会选中。性别和婚否的单选框的name的属性值不一样，因此它们互不影响。

4）复选框

复选框，也称为多选框，在一组同类别数据中一次可以选择多个。

语法：
```
<input type="checkbox" value="value" disabled="disabled" name="field_name">
```

属性：

属性名称	值	描述
type	checkbox	type="checkbox"定义该域为复选框
value	value	定义复选框的值
disabled	disabled	加载时禁用此复选框
name	field_name	定义复选框的名称
checked	checked	定义该复选框加载时为被选中状态

例6.7：
```
<form action="form_action.html" method="post">
    <p>姓名：<input type="text" name="username" /></p>
```

```
        <p>兴趣：<input type="checkbox" name="hobby" value="看电影"
checked="checked"/>看电影 <input type="checkbox" name="hobby" value="
王者荣耀"/>王者荣耀 <input type="checkbox" name="hobby" value="运动"/>运动
<input type="checkbox" name="hobby" value="睡觉" checked="checked"/>睡觉
</p>
    </form>
```

结果如图6.10所示。

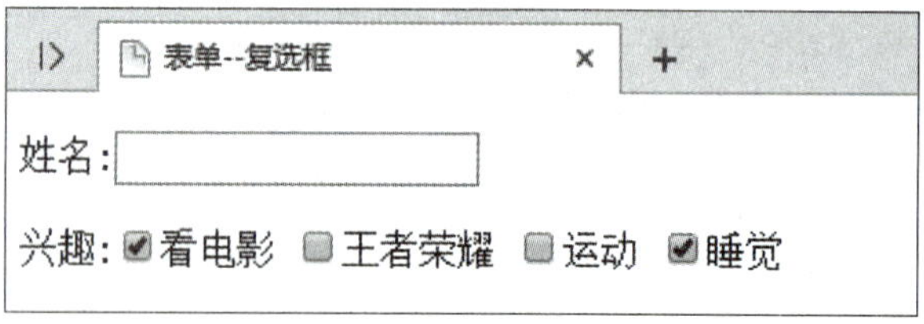

图6.10 "表单—复选框"

和单选框一样，凡是设置了checked属性的复选框默认都为选中状态，为了表示选中的是一组同类别数据，复选框的name属性值一样。

5）下拉框

下拉框，也称为下拉列表框，可从下拉列表中选择一个或多个列表。

语法：

```
<select name="field_name" size="number" disabled="disabled">
...
</select>
```

属性：

属性名称	值	描述
name	field_name	定义下拉框的名称
size	number	规定下拉列表中可见选项的数目 提示：若未设置该属性值，默认size="1"
disabled	disabled	禁用该下拉框

`<option>`标签定义下拉框中的一个选项（一个条目），定义在`<select>`标签内。

浏览器将`<option>`标签中的内容作为`<select>`下拉列表中的一个选项显示。

说明：`<select>`必须与`<option>`标签搭配使用。

语法：

```
<select name="field_name" size="number">
    <option value="text" disabled="disabled" selected="selected">text</option>
    <option value="text">text</option>
    ...
</select>
```

属性：

属性名称	值	描述
value	text	定义送往服务器的选项值
disabled	disabled	规定此选项在首次加载时被禁用
selected	selected	规定选项（首次显示在列表中时）表现为选中状态

例6.8：

```
<form action="form_action.html" method="post">
  <p>姓名：<input type="text" name="username" /></p>
  出生年月：<select name="year">
    <option value="2010">2010年</option>
    <option value="2011">2011年</option>
    <option value="2012">2012年</option>
    <option value="2013">2013年</option>
    <option value="2014">2014年</option>
    <option value="2015">2015年</option>
    <option value="2016">2016年</option>
    <option value="2017">2017年</option>
    <option value="2018">2018年</option>
  </select>年
</form>
```

结果如图6.11所示。单击下拉框旁的小箭头可以看到下拉框的选项，如图6.12所示。

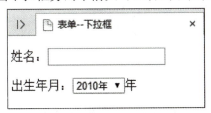

图6.11 "表单—下拉框"

图6.12 下拉框的选项

从结果中可以看出，如果没有为option设置selected属性，则下拉列表的第一项为默认选中状态。

例6.9：

```html
<form action="form_action.html" method="post">
  <p>姓名：<input type="text" name="username" /></p>
  出生年月：<select name="year" size="5">
    <option value="2010">2010年</option>
    <option value="2011">2011年</option>
    <option value="2012">2012年</option>
    <option value="2013">2013年</option>
    <option value="2014">2014年</option>
    <option value="2015">2015年</option>
    <option value="2016">2016年</option>
    <option value="2017">2017年</option>
    <option value="2018">2018年</option>
  </select>年
</form>
```

设置size大于1后的下拉框效果如图6.13所示。

图6.13　设置siz=5的下拉框

<select>标签的size属性默认值为1，可以看出为<select>标签设置了size的效果。

例6.10：

```html
<form action="form_action.html" method="post">
  <p>姓名：<input type="text" name="username" /></p>
  出生年月：<select name="year" size="1">
    <option value="2010">2010年</option>
    <option value="2011">2011年</option>
    <option value="2012">2012年</option>
    <option value="2013">2013年</option>
    <option value="2014">2014年</option>
    <option value="2015">2015年</option>
    <option value="2016">2016年</option>
```

```
    <option value="2017" selected="selected">2017年</option>
    <option value="2018">2018年</option>
  </select>年
</form>
```

结果如图6.14所示。

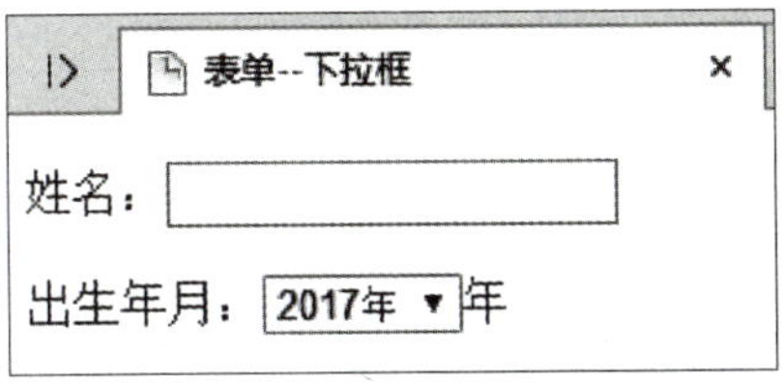

图6.14 某选项默认选中

当option设置selected="selected"属性时，加载下拉列表时该选项为选中状态。

6）提交按钮

提交按钮用于向表单处理程序（表单的action属性指定的URL）提交表单的数据。

表单处理程序包含用来处理输入数据的脚本的服务器页面。

表单处理程序通常用来处理表单数据的服务器页面。

语法：

```
<input type="submit" value="value" name="field_name">
```

属性：

属性名称	值	描述
type	submit	单击按钮后将表单数据提交至表单处理程序
value	value	定义送往服务器的选项值
name	field_name	定义提交按钮的名称

例6.11：

```
<form action="form_action.asp">
  <p>用户名：<input type="text" name="username" /></p>
  <p>密码：<input type="password" name="userpwd" /></p>
  <input type="submit" value="登录" />
</form>
```

提交按钮设置后效果如图6.15所示。

单击"登录"按钮时，会将表单中的数据传送到form_action.asp程序中，由该程序处理这些数据。

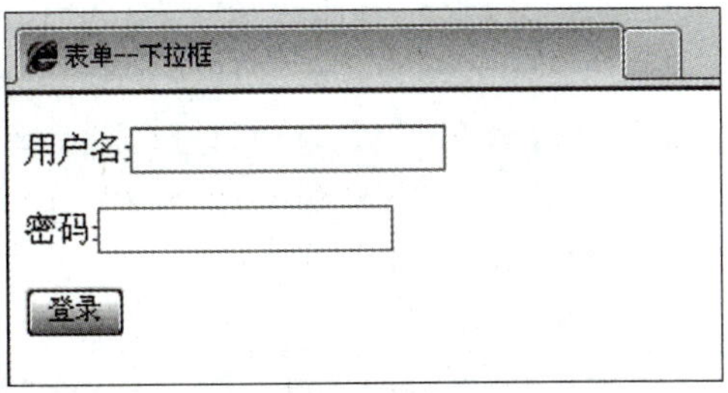

7）取消按钮

取消按钮用于清空用户在表单中填写的信息，将表单恢复成刚加载页面时的状态。

图6.15 提交按钮

语法：
```
<input type="reset" value="value" name="field_name">
```
属性：

属性名称	值	描述
type	reset	清空表单数据
value	value	定义按钮显示文字
name	field_name	定义清空按钮的名称

例6.12：
```
<form action="form_action.asp">
  <p>用户名：<input type="text" name="username" /></p>
  <p>密码：<input type="password" name="userpwd" /></p>
  <p>出生年月：<select name="year">
    <option value="2010">2010年</option>
    <option value="2011">2011年</option>
    <option value="2012">2012年</option>
    <option value="2013">2013年</option>
    <option value="2014">2014年</option>
    <option value="2015">2015年</option>
    <option value="2016">2016年</option>
    <option value="2017" selected="selected">2017年</option>
    <option value="2018">2018年</option>
  </select>
  <select name="month">
    <option value="1">1</option>
    <option value="2">2</option>
    <option value="3">3</option>
    <option value="4">4</option>
    <option value="5">5</option>
    <option value="6">6</option>
    <option value="7">7</option>
    <option value="8">8</option>
    <option value="9">9</option>
    <option value="10">10</option>
    <option value="11">11</option>
    <option value="12">12</option>
  </select>月
  </p>
  <input type="submit" value="登录" /> <input type="reset" value="清空" />
</form>
```

取消按钮设置后效果如图6.16所示。

用户在表单填写信息，如图6.17所示。

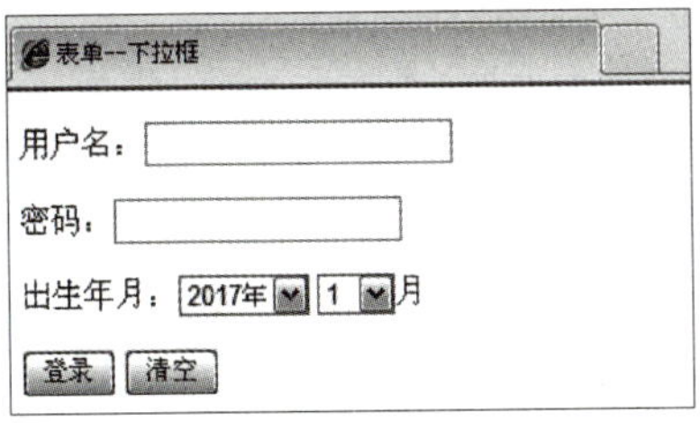

图6.16　取消按钮

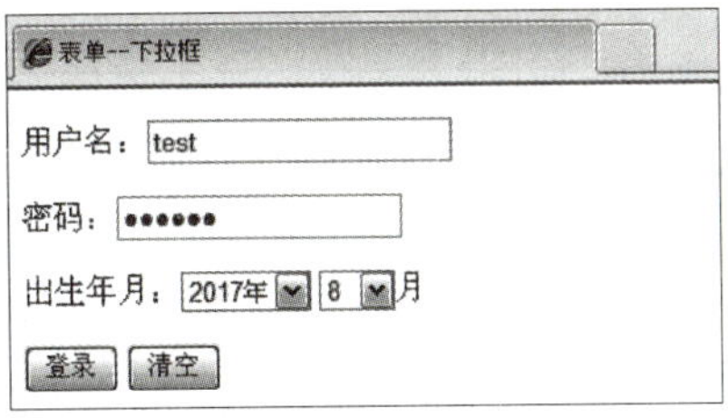

图6.17　填写信息的表单

当单击"清空"按钮后，表单又恢复成以上图6.16所示状态。

8）隐藏域

在表单中还有一个特殊的域——隐藏域。隐藏域在页面中对于用户是不可见的，在表单中插入隐藏域的目的在于收集或发送信息，以利于被处理表单的程序使用。

提示：隐藏域只是在网页页面上不显示输入框，虽然隐藏了，但具有表单传送数据功能。其常用于传送数据，但无须体现在网页页面上。

语法：

`<input type="hidden" value="value" name="field_name">`

属性：

属性名称	值	描述
type	hidden	隐藏域
value	value	传送的数据
name	field_name	定义隐藏域的名称

例6.13：

```
<form action="form_action.asp">
  <p>用户名：<input type="text" name="username" /></p>
  <p>密码：<input type="password" name="userpwd" /></p>
  <input type="hidden" name="sno" value="123">
  <input type="submit" value="登录" /> <input type="reset" value="清空" />
</form>
```

结果如图6.18所示。

代码中定义了一个隐藏域sno，传送的数据值为123，但是没有体现在页面中。单击"登录"按钮后，将表单数据（包括隐藏域）提交至服务端程序处理，服务端程序仍然可以获取隐藏域的值。

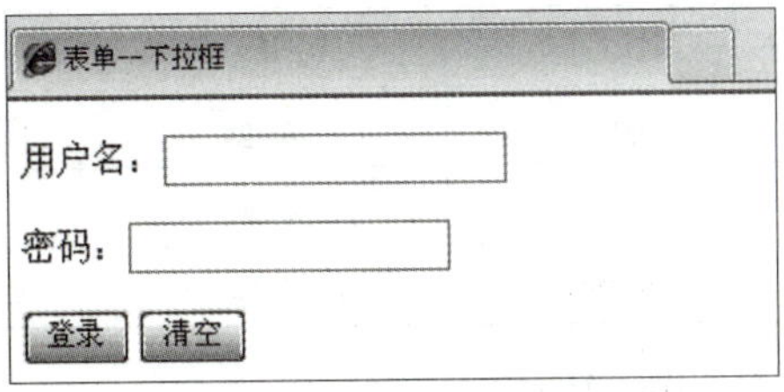

9）文件上传框

添加文件上传框后会显示一个"浏览"按钮，单击按钮选择文件即可上传文件。

图6.18　带有隐藏域的表单

语法：
```
<input type="file" disabled="disabled" size="" name="field_name">
```
属性：

属性名称	值	描述
type	file	文件上传
disabled	disabled	禁用文件上传框
name	field_name	定义文件上传框的名称
size	number_of_char	定义文件上传框的宽度

例6.14：
```
<form action="form_action.asp" enctype="multipart/form-data">
  <p>用户名：<input type="text" name="username" /></p>
  <p>密码：<input type="password" name="userpwd" /></p>
  <input type="hidden" name="sno" value="123"/>
  <p>上传文件：<input type="file" name="uploadfile" size="60"/></p>
  <input type="submit" value="登录" /> <input type="reset" value="清空" />
</form>
```
添加文件上传框的表单，结果如图6.19所示。

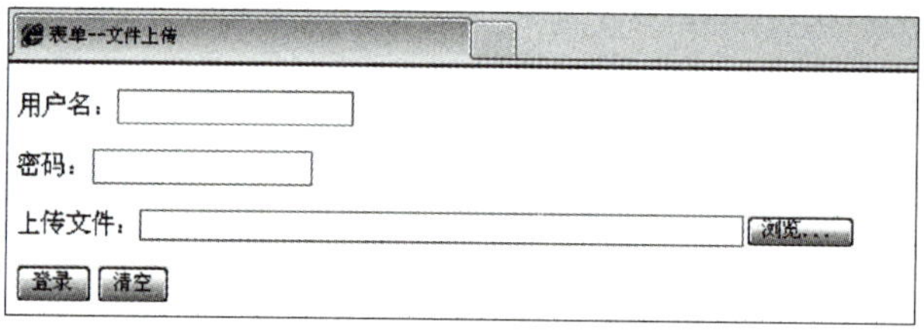

图6.19　"表单—文件上传"

注意：要想实现文件上传，必须将表单的enctype属性值设置为multipart/form-data。

10）图片提交按钮

`<input type="submit"/>`是表单提交按钮，如果不使用CSS样式定义，显示效果为，如果我们需要美化提交按钮，使提交按钮是一张图片，但又具有表单提交功能则可以将按钮定义为图片提交按钮。

语法：
```
<input type="image" src="URL" name="field_name"/>
```
属性：

属性名称	值	描述
type	image	图片提交按钮
src	URL	图片路径
name	field_name	定义图片提交按钮的名称

例6.15：
```
<form action="form_action.asp">
```

```html
<p>用户名：<input type="text" name="username" /></p>
<p>密码：<input type="password" name="userpwd" /></p>
<input type="hidden" name="sno" value="123"/>
<input type="image" src="images/login.jpg"/>
</form>
```

图6.20所示的"登录"按钮是一个图片按钮，但又具有表单提交功能：

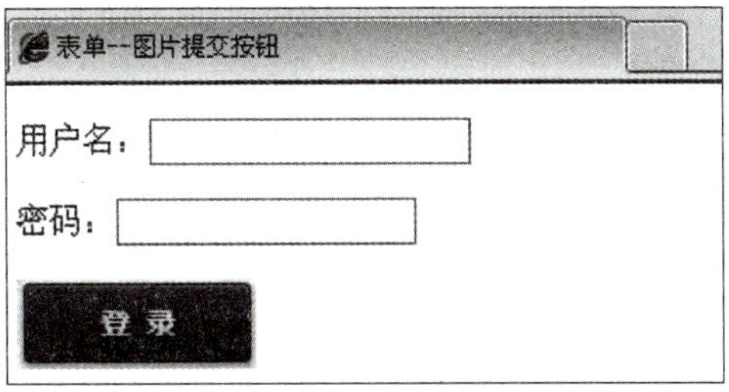

图6.20 "表单—图片提交按钮"

登录按钮是一张图，单击"登录"按钮具有提交表单的功能。

11) 普通按钮

HTML中除了具有特定功能按钮（如提交按钮、清空按钮和图片提交按钮）外，还有一类本身不具特别功能的按钮，叫普通按钮。特别按钮只有用于表单（form）中才能发挥特别的功能，而普通按钮除可在表单中应用外，在网页的其他地方也有应用。普通按钮通常采用JavaScript编写相应事件来触发，否则按下普通按钮，什么也不会发生。

语法：

```html
<input type="button" value="value" name="field_name" onclick="事件"/>
```

属性：

属性名称	值	描述
type	button	普通按钮
value	value	按钮上的文字
name	field_name	按钮的名称
onclick	事件	JavaScript编写的事件

例6.16：

```html
<form action="form_action.asp">
  <p>用户名：<input type="text" name="username" /></p>
  <p>密码：<input type="password" name="userpwd" /></p>
  <input type="hidden" name="sno" value="123"/>
  <p><input type="button" value="普通按钮" name="but" onclick="JavaScript:alert('点击我');" /></p>
  <input type="image" src="images/login.jpg"/>
</form>
```

结果如图6.21所示。

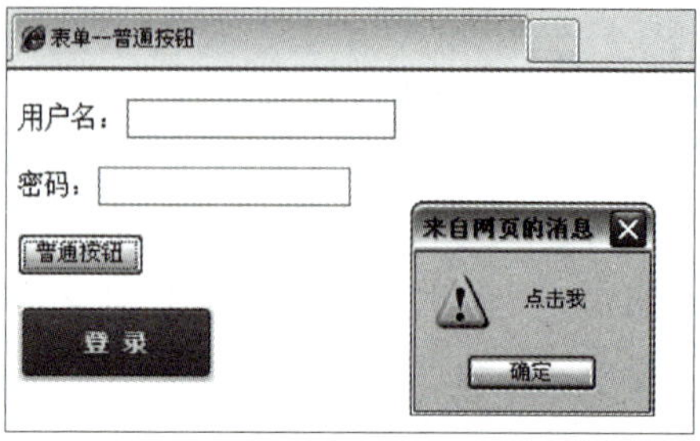

图6.21 "表单—普通按钮"

单击"普通按钮"时，触发单击事件。

6.2 Spry构件的应用

Spry提供了面向网页设计的JavaScript库，增强网页动态交互的功能。利用Spry验证组件制作表单，更加快捷、方便和全面，提供了友好的用户界面。Spry可以验证文本框、多行文本框、复选框、密码框和密码确认等。下面将讲述使用Spry验证文本框，其他验证可参照此方法。

操作步骤：

1．Spry验证组件位于"表单"面板上，如图6.22所示，或者直接单击"Spry"面板，如图6.23所示。

图6.22 表单面板上的Spry验证组件

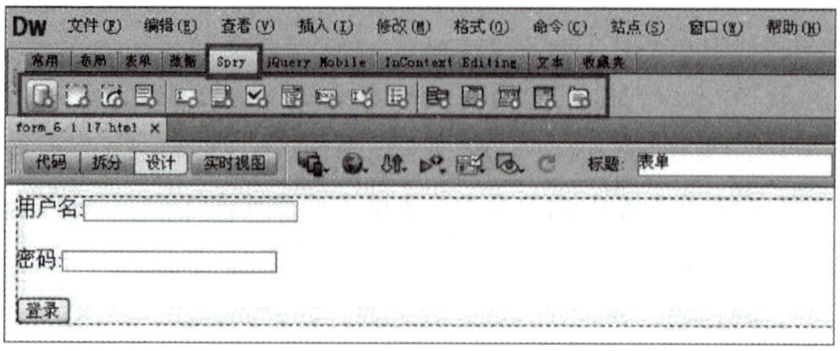

图6.23 Spry面板上的验证组件

2. 选择用户名文本框，单击"Spry验证文本域"，如图6.24所示。

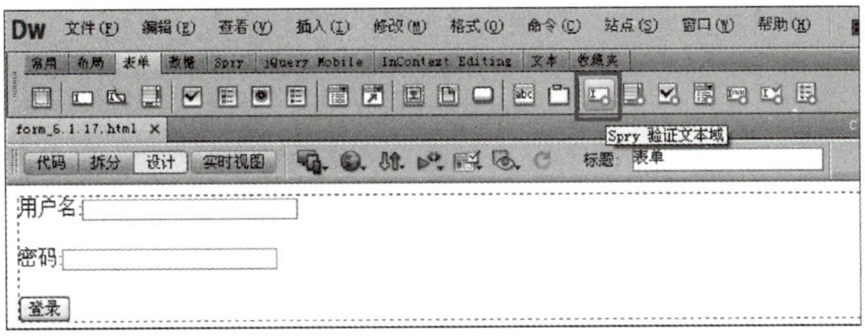

图6.24　Spry验文本域

设计视图中可以看到Spry文本域，如图6.25所示。

图6.25　验证文本域在设计视图中的效果

单击"Spry文本域"，显示"属性"面板，如图6.26所示。

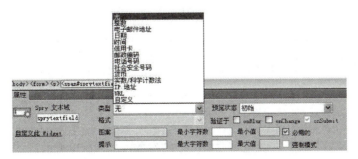

图6.26　Spry属性面板

3. "属性"面板各参数含义如下

1) 类型

如图6.27所示，文本框验证的各种类型包括"无""整数""电子邮件地址""日期""时间""信用卡""邮政编码""电话号码""社会安全号码""货币""实数/科学计数法""IP地址""URL""自定义"。选中其中一种数据类型时，可设置该类型的各种属性。

图6.27　类型选项

2）预览状态

如图6.28所示,预览状态包括"初始""必填""有效"三个值。

图6.28　预览状态选项

3）验证于：用于指定验证发生的时间

onBlur：文本框失去焦点时验证。

onChange：更改文本框的文本时验证。

onSubmit：提交表单时验证（默认值）。

4）指定最大字符数和最小字符数

当类型是"无""整数""电子邮件地址""URL"时，可以设定指定最大字符数和最小字符数。

5）指定最大值和最小值

当类型是"整数""时间""货币""实数/科学计数法"时，可以设定最大值和最小值。

6）必需的

当选择该复选框时，要求用户上传表单之前输入必填内容。

7）强制模式

当选择该复选框时，可以禁止用户在验证文本框时输入无效字符。

8）提示

当用户输入文本时，会提示用户输入文本格式。

4．例子

例6.17：验证用户名为必填字段，若未填，则在用户名文本框旁提示"请输入用户名！"。

1）选择用户名文本框，单击"表单"面板中的"Spry验证文本域"，如图6.29所示。

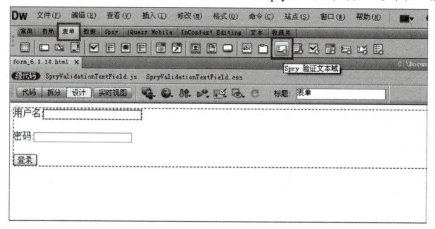

图6.29　选择"Spry验证文本域"

2）单击"Spry文本域"，设置属性面板中的参数，如图6.30所示。

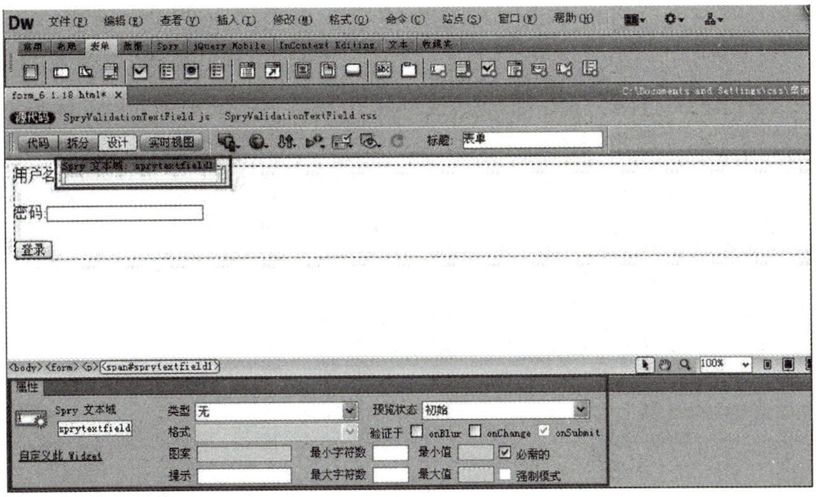

图6.30　属性面板

3）设置各参数，如图6.31所示。

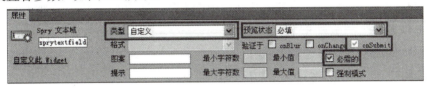

图6.31　设置参数

4）将"需要提供一个值。"的提示信息修改成自定义提示，如"请输入用户名！"，如图6.32所示。

图6.32　设置提示信息

5）保存浏览页面，如图6.33所示。

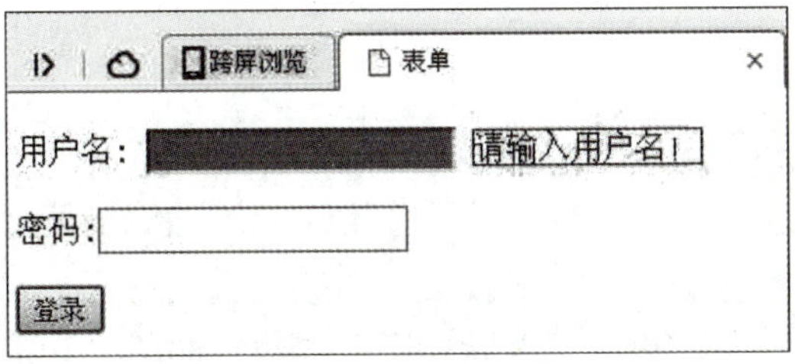

图6.33　结果页面

如果未输入用户名,直接单击"登录"按钮,将在用户名文本框旁边显示提示信息"请输入用户名!"。

例6.18:验证密码为必填字段,最小长度不能低于6个字符,最大长度不能超过10个字符。

(1)选择密码框,单击"表单"面板中的"Spry验证密码",如图6.34所示。

图6.34 选择Spry验证密码

(2)单击"Spry密码",设置属性面板中的参数,如图6.35~图6.37所示。

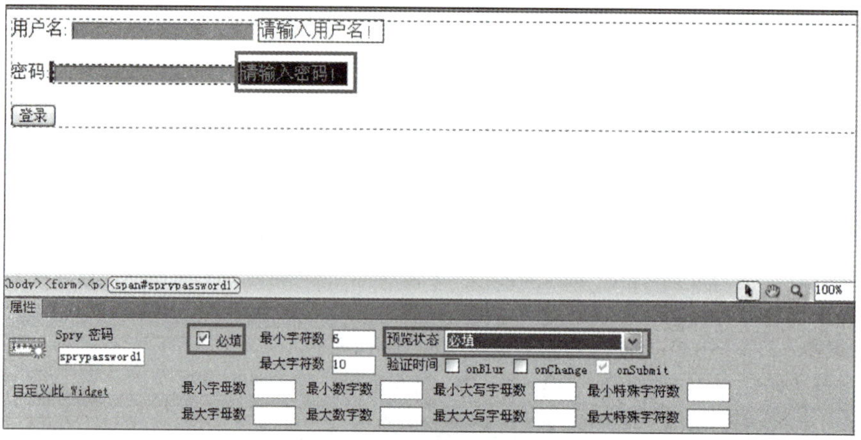

图6.35 属性面板

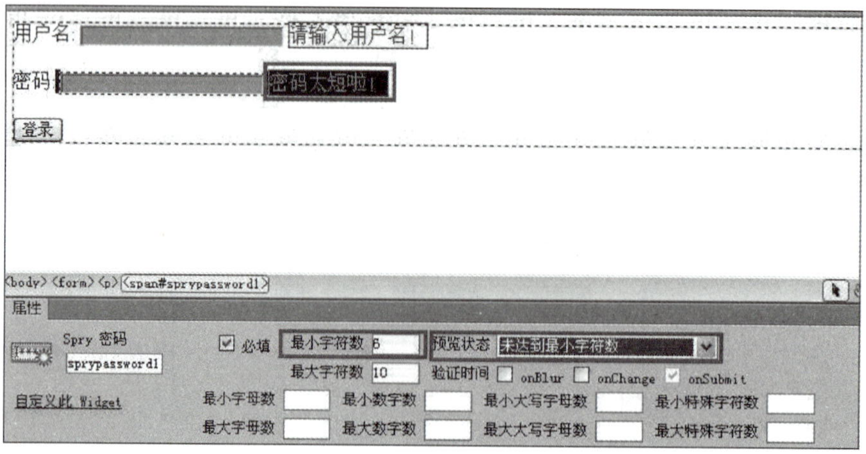

图6.36 设置参数(一)

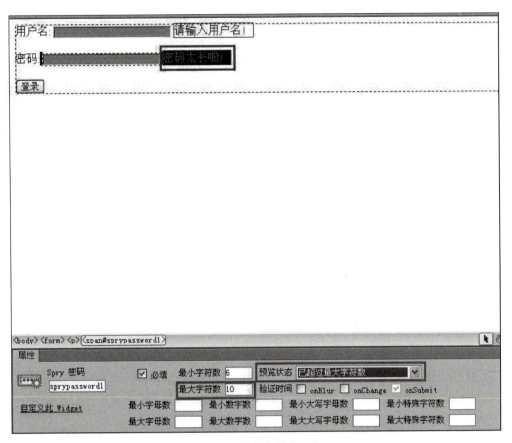

图6.37 设置参数(二)

(3) 保存浏览结果,如图6.38~图6.40所示。

图6.38 效果测试(一)　　　　　　　　图6.39 效果测试(二)

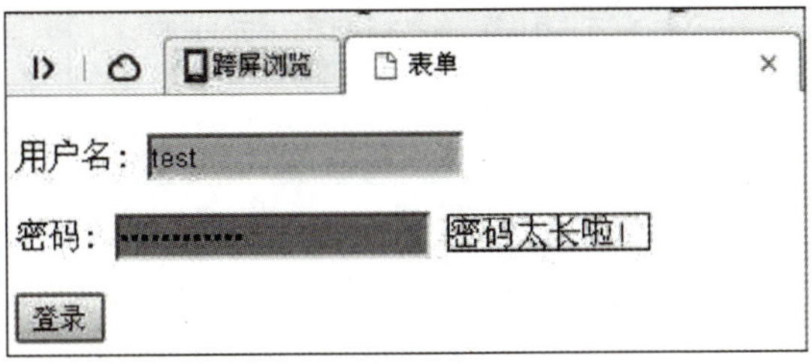

图6.40 效果测试(三)

6.3 上机实训

1. 实现如下效果图

注册邮箱申请单

用户名：	_____
登录密码：	_____
重复登录密码：	_____
密码保护问题：	我喜欢的动物 ▼
您的答案：	_____
出生年份：	1975 ▼
性别：	◉ 男 ○ 女
已有邮箱：	@_____
我已看过并同意服务条款：	☐

[注册邮箱]

2. 使用表格和表单制作如下内容，在浏览器中居中显示

用户注册

用户名：	_____
用户密码：	_____
确认密码：	_____
电子邮件：	_____
性别：	◉ 男 ○ 女
出生年月：	1981 ▼ 年 1 ▼ 月
爱好：	☐ 文字 ☐ 音乐 ☐ 体育 ☐ 其他
自我介绍：	请用简要的语言进行一下自我介绍，最好不超过200字。

[注册] [取消]

请阅读服务协议，并选择同意： ☐ 我已阅读并同意

一、请用户认真阅读本协议中的所有条款，否则由此带来的一切损失由用户承担。
二、本协议在执行过程中所产生的问题由双方协议解决。

第7章 使用CSS样式

在Dreamweaver CS6中，可以根据需要对网页中对象的样式进行定义，CSS样式既可以对文档进行精细的页面美化，还可以保持网页风格的一致性，达到统一的外观效果，且调整修改非常方便。通过修改CSS样式文件就可以改变整个网站成千上万个网页的风格和外观，极大地降低了网页编辑修改的工作量。

本章要点 ⇨ （1）了解CSS样式的基本概念、面板、类型；
（2）掌握CSS样式的创建、使用和编辑方法；
（3）掌握CSS属性和CSS样式的使用方法。

7.1 CSS概述

7.1.1 CSS样式的概念

CSS是Cascading Style Sheets（层叠样式表单）的简称，更多的人把它称作"层叠样式表"或"级联样式表"。顾名思义，它是一种设计网页样式的工具。借助CSS的强大功能，网页将在您丰富的想象力下千变万化。

CSS扩展了HTML的功能，网页中文本段落、图像、颜色、边框等可通过设定CSS的属性轻松完成。Dreamweaver提供可视化设定样式表功能，高效快速，不仅可以将样式内容从文档中脱离出来，而且可以作为独立文件供HTML调用。在一个网站中，使用统一的CSS样式表文件，保持网站风格的一致性。CSS更大的优点在于：提供方便的更新功能。CSS更新后，网站内所有相关的文档格式都会自动更新为新的样式和外观。

7.1.2 CSS样式的面板

使用"CSS样式"面板可以创建、编辑或删除CSS样式，并且可以将外部样式表附加到文档中。CSS是HTML格式的代码，浏览器处理起来比较快。

1．打开"CSS样式"面板

弹出"CSS样式"面板有以下两种方法：

（1）选择菜单"窗口"→"CSS样式"命令。

（2）按Shift+F11组合键。

"CSS样式"面板如图7.1所示，它由样式列表和底部的按钮组成。样式列表用于查看与当前文档相关联的样式定义以及样式的层次结构。"CSS样式"面板可以显示自定义CSS样式、重定义的HTML标签和CSS选择器样式。

图7.1　"CSS样式"面板

"CSS样式"面板底部从左到右共有8个按钮，各按钮的意义如下：

（1）"显示类别视图"按钮：分为字体、背景、区块、边框、方框、列表、定位和扩展名等类型。

（2）"显示列表视图"按钮：按照字母顺序显示所有CSS属性。

（3）"设置属性视图"按钮：只显示已经进行设置的属性。

（4）"附加样式表"按钮：用于将创建的任何样式表附加到页面或复制到站点。

（5）"新建CSS规则"按钮：用于创建自定义CSS样式、重定义的HTML标签和CSS选择器样式。

（6）"编辑样式"按钮：用于编辑当前文档或外部样式表中的任何样式。

（7）"禁用/启用"按钮：用来设置禁用或启用CSS属性。

（8）"删除CSS规则"按钮：用于删除"CSS样式"面板中所选的样式，并从应用该样式的所有元素中删除格式。

2．CSS样式的功能

CSS是HTML格式的代码，浏览器处理起来比较快。另外，Dreamweaver CS6提供功能复杂、使用方便的CSS样式，方便网站设计师制作个性化网页。样式表的功能归纳如下：

（1）灵活地控制网页中文字的字体、颜色、大小、位置和间距等。

（2）方便对网页中的元素设置不同的背景颜色和背景图片。
（3）精确地控制网页各元素的位置。
（4）为文字或图片设置滤镜效果。
（5）与脚本语言结合制作动态效果。

7.1.3 CSS样式的类型

CSS是一系列格式规则，它们控制网页各元素的定位和外观，实现HTML无法实现的效果。在Dreamweaver CS6中可以运用的样式分为重定义HTML标签样式、CSS选择器样式和自定义样式3类。

1．重定义HTML标签样式

重定义HTML标签样式可以使网页中的所有该标签的样式都自动跟着变化。例如，我们重新定义图片边框线是红色虚线，则页面中所有图片的边框都会自动被修改。原效果如图7.2所示，重新定义img标签后的效果如图7.3所示。

图7.2　原效果图　　　　　　　　　　图7.3　重新定义img标签后的后效果

2．CSS选择器样式

使用CSS选择器对用ID属性定义的特定标签应用样式。一般网页中某些特定的网页元素使用CSS选择器定义样式。例如，设置ID为pic图片的边框色为绿色虚线，如图7.4所示。

3．自定义样式

先定义一个样式，然后选择不同的网页元素应用此样式。一般情况下，自定义样式与脚本程序配合改变对象的属性，从而产生动态效果。例如，多个表格标题行的背景色均设置为蓝色，如图7.5所示。

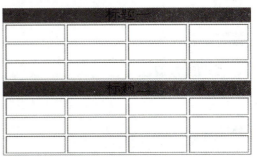

图7.4　重新定义ID后效果　　　　　　图7.5　自定义表格样式效果

7.2 创建和使用CSS样式

7.2.1 创建和应用自定义样式

若为不同网页元素设定相同的格式,可先创建一个自定义样式,然后将它应用到文档的网页元素上。

1. 创建自定义样式

(1)首先,将插入点放在文档中,然后在CSS面板中单击 按钮,弹出"新建CSS规则"对话框,如图7.6所示。

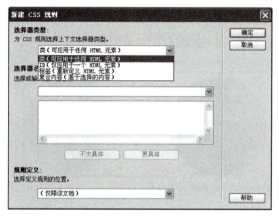

图7.6 "新建CSS规则"对话框

(2)先在"选择器类型"选项的下拉列表框中选择"类(可应用于任何 HTML 元素)"选项;然后在"选择器名称:"选项的文本框中输入自定义样式的名称,如"text"。

(3)在"规则定义:"选项的下拉列表中,选择定义样式的位置,如果不创建外部样式表,则选择"(仅限该文档)"选项,如图7.7所示。

(4)单击"确定"按钮,弹出".text的CSS规则定义"对话框,如图7.8所示。

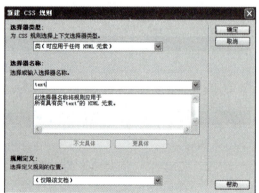
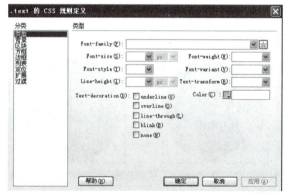

图7.7 选择CSS规则　　　　　图7.8 ".text的CSS规则定义"对话框

（5）根据实际需要设置CSS属性，如设置字体为"微软雅黑"、颜色为"红色"、字号大小为"24px"，单击"确定"按钮完成设置。

2．应用自定义样式

创建自定义样式后，还要为不同的网页元素应用不同的样式，其具体操作步骤如下：

（1）在文档窗口中选择网页元素。

（2）若想撤销应用的样式，则在文档窗口左下方标签上单击右键，在弹出的快捷菜单中选择"设置类>无"命令，如图7.9所示。在文档窗口左下方的标签上单击右键，在弹出的菜单中选择"设置类>某自定义样式名text"命令，如图7.10所示，此时该网页元素应用样式修改了外观。

图7.9　无样式效果　　　　　　　　　　图7.10　有样式效果

3．样式表的定义及引用

样式表的定义是CSS的基础，样式表的作用是通知浏览器如何呈现文档，CSS样式实质上也是HTML格式的代码。先来分析一下图7.10所对应的代码，看看它是如何使用CSS样式的定义和引用来实现这一显现效果的。

例7.1：使用CSS对文字显示特性进行控制，来实现图7.10效果所对应的HTML文件。

```
<html>
<head>
<meta http-equiv="Content-Type" content="text/html; charset=utf-8" />
<title>无标题文档</title>
<style type="text/css">
.text {
    color:  #F00;
    font-family:  "微软雅黑";
    font-size:  24px;
}
</style>
</head>
<body>
<p class="text">这是一个CSS示例！    </p>
<p class="text">这行文字应是红色的。</p>
</body>
</html>
```

在该例的头部，使用了一个新的标记<style>，这是CSS对样式进行集中管理的方法。

在<style>标记中定义了一个类选择器.text，在body中，<p>和</p>间文字因定义了其类名为.text，故其显示套用类选择器.text定义的样式。

1）CSS样式表的定义

CSS样式表定义的基本语法为：

选择符｛规则表｝

其中：选择符是指要引用样式的对象，它可以是一个或多个HTML标记等。

规则表：是由一个或多个样式属性组成的样式规则，各个样式属性间由分号隔开，每个样式属性的定义格式为：样式名：值，样式定义中可以加入注释，格式为：/*字符串*/。

例如：.text {color：#F00；font-family："微软雅黑"；font-size：24px；}

2）CSS样式表的引用

在HTML文件中，样式引用的方式有以下四种：

（1）嵌入样式表。这种方式利用<style>标记将样式表嵌在HTML文件的头部。例7.1就使用了这种方式。

<style>标记内定义的前后加上注释符<!---->的作用是使不支持CSS的浏览器忽略样式表定义。<style>标记的属性type，指明样式的类别，因为对显示样式的定义标准，除了有CSS外，还有Netscape的JSS，其样式类别为type="text/javascript"。Type的默认值为text/css。嵌入样式表的作用范围是本HTML文件。

（2）连接到外部样式表。如果多个HTML文件要共享样式表（这些页面的显示特性相同或十分接近），则可以用如下的方法，即将样式表定义为一个独立的CSS样式文件，使用该样式表的HTML文件在头部用<link>标记链接到这个CSS样式文件即可。例7.2给出了这种方式的用法。

例7.2：先将样式定义存放于文件style.css中（CSS样式文件的扩展名为.css），style.css文件中包含的内容为：

```
h1{font-family: "隶书"; color: #ff8800}
p{background-color: yellow; color: #000000}
.text{font-family: "宋体"; font-size: 14px; color: red}
```

HTML文件lt722.htm要引用该样式表文件style.css，显现效果如图7.11所示，其文件内容为：

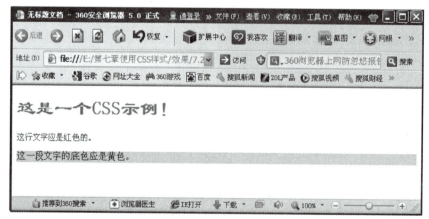

图7.11 例题7.2样式效果

```
<html>
<head>
<meta http-equiv="Content-Type" content="text/html; charset=utf-8" />
<title>链接外部CSS文件示例</title>
<link rel="stylesheet" type="text/css" href="style.css" media="screen">
</head>
<body>
<h1>这是一个CSS示例！</h1>
<span class="text">这行文字应是红色的。</span>
<p>这一段文字的底色应是黄色。</p>
</body>
</html>
```

注意CSS样式文件不包含<style>标记，因为<style>标记是HTML标记，而不是CSS样式。

在HTML文件头部使用多个<link>标记就可以链接到多个外部样式表。<link>标记的属性主要有rel、href、type、media。REL属性用于定义链接的文件和HTML文档之间的关系，通常取值为stylesheet；HREF属性指出CSS样式文件；TYPE属性指出样式的类别，通常取值为text/css。MEDIA属性用于指定接收样式表的介质，默认值为screen（显示器），还可以是打印机、投影机等。

（3）引入外部样式表。这种方式在HTML文件头部的<style>和</style>标记之间，利用CSS的@import声明引入外部样式表。格式为：

```
<style>
@import URL（"外部样式表文件名"）；
…
</style>
```

例7.3：lt723.htm中利用@import声明引入样式表文件style.css

```
<style type="text/css">
<!--@import URL（"stytle.css"）；
-- >
</style>
```

引入外部样式表的使用方式与链接到外部样式表很相似，都是将样式表定义单独保存文件，在需要使用的HTML文件中进行说明。两者的本质区别在于：引入方式在浏览器下载HTML文件时就将样式文件的全部内容复制到@import关键字所在的位置，以替换该关键字。而链接方式在浏览器下载HTML文件时并不进行替换，而仅在HTML文件体部需要引用CSS样式文件中的某个样式时，浏览器才连接样式文件，读取需要的内容。

（4）内联样式。这种方式是在HTML标记中引用样式定义，方法是将标记的style属性值赋为所定义的样式规则。由于样式是在标记内部使用，故称为内联样式。

例如：

```
<h1 style="font-family: '隶书'; color: #ff8800">这是一个CSS示例！</h1>
<p style="color: red; background-color: yellow">…</p>
<body style="font-family: '宋体'; font-size: 12px; background: yellow">
```

此时，样式定义的作用范围仅限于此标记范围之内。Style样式定义可以和原HTML属性一起使用。例如：

```
<body topmargin=4 style="font-family: '宋体'; font-size: 12px; background: yellow">
```

style属性是随CSS扩展出来的，可以应用于除basefont、script和param之外的任意body标记（包括budy标记本身）。还要注意，若在一个HTML文件中使用内联样式，则必须在该文件的头部对整个文档进行单独的样式表语言声明。即

```
<meta http-equiv="Content-type" content="text/css">
```

内联样式主要应用于样式仅适用于单个页面元素的情况。因为它将样式和要展示的内容混在一起，自然会失去一些样式表的优点，表现在样式定义和内容不能分离，所以这种方式尽量少用。

上述四种方式还可以混合使用。

7.2.2 创建CSS选择器（ID或复合内容）

若要为具体某标签组合或所有包括特定ID属性的标签定义格式，只需创建CSS选择器而无须应用。一般情况下，利用创建CSS选择器的方式设置链接文本的四种状态分别为：鼠标指针单击时的状态"a：actve"、鼠标指针经过时的状态"a：hover"、未单击时的状态"a：link"和已访问过的状态"a：visited"。

若重定义链接文本的状态，则需创建CSS选择器，其具体操作步骤如下：

（1）将插入点放在文档中，弹出"新建CSS规则"对话框；

（2）在"选择器类型："选项的下拉列表中，选择"复合内容（基于选择的内容）"选项；然后在"选择器名称："选项的下拉列表中，选择要重新定义链接文本的状态，如图7.12所示；最后在"规则定义："选项的下拉列表中，选择定义样式的位置，如果不创建外部样式表，则选择"（仅限该文档）"选项。单击"确定"按钮，弹出a：link的"CSS规则定义"对话框，如图7.13所示。

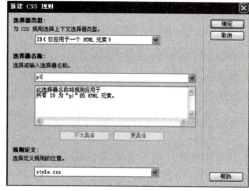

图7.12　创建CSS选择器ID　　　　图7.13　创建CSS选择器复合内容

(3)根据需要设置CSS属性,单击"确定"按钮完成设置。

7.2.3 创建重定义HTML标签样式

当重新定义某个HTML标签默认格式后,网页中的该HTML标签元素都会自动变化。因此,当需要修改网页中某个HTML标签的所有样式时,只需要重新定义该HTML标签样式。

(1)首先,将插入点放在文档中,然后在CSS面板中单击 按钮,弹出"新建CSS规则"对话框,如图7.14所示。

(2)先在"选择器类型:"选项的下拉列表中选择"标签(重新定义HTML元素)"选项;然后在"选择器名称:"选项的下拉列表中选择要改的"h1"标签,如图7.14所示。

(3)在"规则定义:"选项的下拉列表中选择定义样式的位置,如果不创建外部样式表,则选择"(仅限该文档)"选项,如图7.14所示。

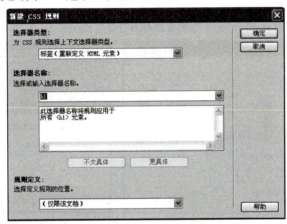

图7.14 创建重新定义HTML标签样式

(4)单击"确定"按钮,弹出"h1的CSS规则定义"对话框。
(5)根据实际需要设置h1的CSS属性,单击"确定"按钮完成设置。

7.2.4 创建和引用外部样式

如果不同网页的不同网页元素需要同一样式,则可通过引用外部样式来实现。首先创建一个外部样式,然后在不同网页的不同HTML元素中引用定义好的外部样式。

1. 创建外部样式

(1)弹出"新建CSS规则"对话框。

(2)在"新建CSS规则"对话框的"规则定义:"选项的下拉列表中选择"(新建样式表文件)"选项,在"选择器名称:"选项的文本框中输入名称".gl",如图7.15所示,单击"确定"按钮,弹出"将样式表文件另存为"对话框,如图7.16所示,然后在"文件名(N):"选项中输入自定义的样式文件名style。

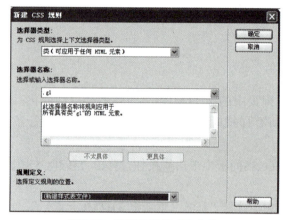

图7.15　创建外部样式表文件　　　　图7.16　保存外部样式表文件

（3）单击"确定"按钮，就会弹出".g1的CSS规则定义"对话框，如图7.17所示。

（4）根据需要设置CSS属性，单击"确定"按钮完成设置。刚创建的外部样式会出现在"CSS样式"面板的样式列表中，如图7.18所示。

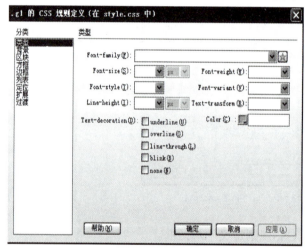
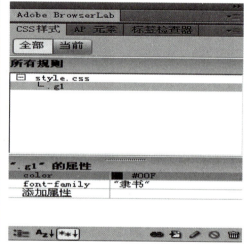

图7.17　选定外部样式　　　　　　　图7.18　CSS样式面板

2．引用外部样式

不同网页的不同HTML元素可以引用相同的外部样式，具体操作步骤如下：

（1）在文档窗口中选择网页元素。

（2）单击"CSS样式"面板下部的"附加样式表"按钮，弹出"链接外部样式表"对话框，如图7.19所示。对话框中各选项的作用如下：

"文件/URL（F）"选项：直接输入外部样式文件名，或单击"浏览…"按钮选择外部样式文件。

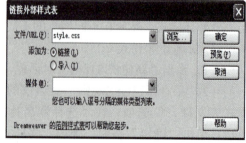

图7.19　引用附加样式表文件

"添加为："选项组包括"链接（L）"和"导入（I）"两个选项。"链接（L）"选项表示传递外部CSS样式信息而不将其导入网页文档，在页面代码中生成<link>标签。"导入（I）"选项表示将外部CSS样式信息导入网页文档，在页面代码中生成<@Import>标签。

（3）在对话框中根据需要设定参数，单击"确定"按钮完成设置。此时，引用的外部样式会出现在"CSS样式"面板的样式列表中，如图7.20所示。

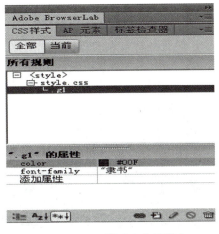

图7.20 引用样式表文件列表

7.3 编辑CSS样式

网站设计者有时需要修改应用于文档的内部样式和外部样式，如果修改内部样式，则会自动重新设置受它控制的所有HTML对象的格式；如果修改外部样式文件，则会自动重新设置与它链接的所有HTML文档。

编辑样式有以下三种方法：

（1）先在"CSS样式"面板中单击选中某样式，然后单击位于面板底部的"编辑样式"按钮，弹出".g1的CSS规则定义"对话框。然后根据需要设置CSS属性，单击"确定"按钮完成设置。

（2）在"CSS样式"面板中用鼠标右键单击样式，然后从弹出的菜单中选择"编辑"命令，弹出".g1的CSS规则定义"对话框后，根据需要设置CSS属性，单击"确定"按钮完成设置。

（3）在"CSS样式"面板中选择样式，然后在"CSS属性检查器"面板中编辑它的属性。

第 7 章　使用 CSS 样式

7.4　上机实训案例——使用CSS制作动态菜单

1．案例学习目标
使用"CSS样式"命令，制作菜单效果。
2．案例知识要点
（1）使用"表格"按钮，插入表格效果；
（2）用"CSS样式"命令，设置翻转效果的链接，如图7.21所示。

图7.21　完成后的页面效果图

3．效果所在位置
资源包\第七章使用CSS样式\效果\7.4上机实训案例\index.html。
4．操作步骤
1）插入表格并输入文字
（1）选择"文件＞打开"命令，在弹出的"打开"对话框中选择"资源包\第七章使用CSS样式\素材\7.4上机实训案例\index．html"文件，单击"打开"按钮打开文件，如图7.22所示。

图7.22　页面初始图

(2) 将光标置入图7.22所示的单元格, 在 "插入" 面板的 "常用" 选项卡中单击 "表格" 按钮, 在弹出的 "表格" 对话框中进行设置, 如图7.23所示, 单击 "确定" 按钮, 完成表格插入。

(3) 在 "属性" 面板 "表格" 选项文本框中输入 "Nav", 在单元格中分别输入文字 "拉力赛 越野赛 漂移赛 场地赛 娱乐赛"。

(4) 选中文字 "拉力赛", 在 "属性" 面板的 "链接" 选项文本框中输入 "#", 为文字制作空链接效果, 用相同的方法为其他文字制作空链接效果。

2) 设置CSS属性

(1) 在CSS面板中单击 按钮, 弹出 "新建CSS规则" 对话框, 在对话框中进行设置, 如图7.24所示。单击 "确定" 按钮, 弹出 "将样式表文件另存为" 对话框, 在 "保存在 (I): " 选项的下拉列表中选择当前站点目录, 在 "文件名 (N): " 选项的文本框中输入 "style", 如图7.25所示。

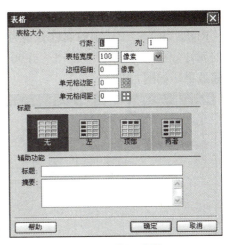

图7.23 插入表格

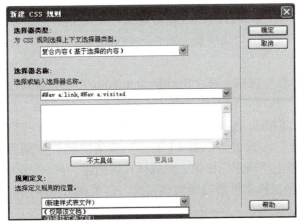

图7.24 创建外部样式

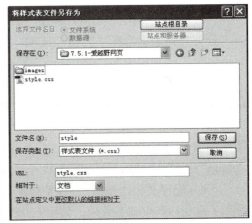

图7.25 保存外部样式文件

(2) 单击 "保存 (S)" 按钮, 弹出 "#Nav a: link, #Nav a: visited的CSS规则定义" 对话框, 在左侧的 "分类" 列表中选择 "类型" 选项, 将 "Color" 选项设为深灰色 (#333), 选中 "Text-decofztiom" 选项组中的 "none" 复选项; 在左侧的 "分类" 列表中选择 "背景" 选项, 将 "Background-color" 选项设为灰白色 (#2f2f2); 在左侧的 "分类" 列表中选择 "区块" 选项, 在 "Text-align" 选项下拉列表中选择 "center" 选项, 在 "Display" 选项下拉列表中选择 "block" 选项。

(3) 在左侧的 "分类" 列表中选择 "方框" 选项, 在 "Padding" 选项组中选中 "全部相同" 复选项, 将 "Top (T): " 选项设为4, 在 "Margin (M): " 选项组中取勾选

"全部相同（F）"复选项，将"Top（T）：" 选项设为5，"Bottom（B）"选项设为5。

（4）在左侧的"分类"列表中选择"边框"选项，分别在"Style"选项组、"Width"选项组和"Color"选项组中，取消勾选"全部相同（O）"复选项，设置"Right（R）：" 选项的属性分别为"solid""5""#f2f2f2"，设置"Left（L）：" 选项的属性分别为"solid""5""#F90"，如图7.26所示，单击"确定"按钮，完成样式的创建效果，如图7.27所示。

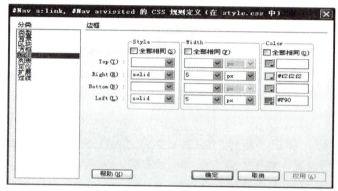
图7.26　设置边框样式

图7.27　样式菜单

（5）单击"CSS样式"面板下方的"新建CSS规则"按钮，弹出"新建CSS规则"对话框，在对话框中进行设置，输入选择器名称"#Nav a：hover"。

（6）单击"确定"按钮，弹出"#Nav a：hover的CSS规则定义"对话框，在左侧的"分类"列表中选择"类型"选项，将"Color"选项设为黄色（#F90），选中"Text-decoration"选项组中的"underline"复选项。

（7）在左侧"分类"列表中选择"背景"选项，将"Background-color"选项设为白色，在左侧的"分类"列表中选择"边框"选项，分别在"Style"选项组、"Width"选项组和"Color"选项组中，取消勾选"全部相同（O）"复选项，设置"Right（R）："选项的属性分别为"solid""5""#FFF"，设置"Left（L）："选项的属性分别为"solid""5""#666"，如图7.28所示，单击"确定"按钮，完成样式的创建。

（8）保存文档，按F12键预览效果。当鼠标指针滑过导航按钮时，背景和边框颜色都发生了改变，产生动态效果，如图7.29所示。

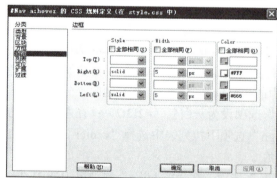
图7.28　创建背景边框样式

图7.29　样式创建后整体效果

课后习题

一、填空题

1. 要使一个网站的风格统一并便于更新，在使用CSS文件的时候，最好使用（　　）。
   A. 外部链接样式表　　　　　　　　B. 内嵌式样表
   C. 局部应用样式表　　　　　　　　D. 以上三种都是
2. 在CSS语言中，（　　）是"文本缩进"的允许值。
   A. auto　　　　B. 背景颜色　　　　C. 百分比　　　　D. 统一资源定位URL
3. 在CSS语言中，"背景颜色"的允许值设置的是（　　）。
   A. aseline　　　B. justify　　　　C. transparent　　D. capitalize
4. 新建CSS规则中，选择器类型可应用任何网页元素的是（　　）。
   A. 标签　　　　　　　　　　　　　B. 类
   C. 高级（ID、伪类选择器等）　　　D. 都不是
5. CSS的全称是什么？（　　）
   A. Cascading Sheet Style　　　　　B. Cascading System Sheet
   C. Cascading Style Sheet　　　　　D. Cascading Style System
6. 在CSS语言中，（　　）是"漂浮"的语法。
   A. border：<值>　　　　　　　　　B. float：<值>
   C. width：<值>　　　　　　　　　 D. list-style-image：<值>
7. 在CSS语言中，（　　）是"上边框"的语法。
   A. letter-spacing：<值>　　　　　B. border-top：<值>
   C. border-top-width：<值>　　　　D. text-transform：<值>
8. 下列关于CSS的说法中错误的是（　　）。
   A. CSS的全称是Cascading Style Sheets，中文的意思是"层叠样式表"
   B. CSS样式不仅可控制多数传统的文本格式属性，还可定义一些特殊的HTML属性
   C. 使用Dreamweaver只能可视化创建CSS样式，无法以源代码方式对其进行编辑
   D. CSS的作用是精确定义页面中的各元素以及页面的整体样式
9. 要使用CSS将文本样式定义为粗体，需要设置（　　）文本属性。
   A. font-family　　B. font-style　　C. font-weight　　D. font-size
10. 下列各项中不是CSS样式表优点的是（　　）。
    A. CSS可以用来在浏览器的客户端进行程序编制，从而控制浏览器等对象操作，创建出丰富的动态效果
    B. CSS对于设计者来说是一种简单、灵活、易学的工具，能使任何浏览器都听从指令，知道该如何显示元素及其内容
    C. 一个样式表用于多个页面甚至整个站点，因此具有更好的易用性和扩展性
    D. 使用CSS样式表定义整个站点，可以大大简化网站建设，减少设计者的工作量

11. 如下所示的这段CSS样式代码，定义的样式效果是（   ）。
    a：link{color：#ff0000；}   a：visited{color：#00ff00；}
    a：hover{color：#0000ff；}   a：active{color：#000000；}
    其中，#ff0000为红色，#00000为黑色，#0000ff为蓝色，#00ff00为绿色。
    A. 默认链接色是绿色，访问过链接是蓝色，鼠标上滚链接是黑色，活动链接是红色
    B. 默认链接色是蓝色，访问过链接是黑色，鼠标上滚链接是红色，活动链接是绿色
    C. 默认链接色是黑色，访问过链接是红色，鼠标上滚链接是绿色，活动链接是蓝色
    D. 默认链接色是红色，访问过链接是绿色，鼠标上滚链接是蓝色，活动链接是黑色

二、填空题

1. CSS面板含有"全部"和"正在"选项卡，分属_____模式和_____模式。
2. CSS是Cascading Style Sheets的简称，在HTML文档中利用_____网页。
3. CSS选择器类型共有_____、_____、_____和_____四种。
4. 背景样式主要是对_____和_____的设置。
5. 扩展分类设定网页一些_____的样式，如光标、分页、过滤器等。

三、简答题

1. 网页中使用CSS技术有什么好处？

2. 如何编辑CSS规则？

第8章 使用库和模板

在前几章的基本操作介绍中,读者可以详细地了解网页制作中的一些基本操作技巧,但是在具体建立站点进行制作过程中,有时需要建立风格统一、外观相同的大量网页,特别是在静态网页的制作过程中,如果需要改动站点其中一个页面,则为了整个网站的风格统一需要逐一修改站点中相关的所有页面,这样不仅浪费大量的时间,而且容易在操作过程中发生错误。使用Dreamweaver CS6中提供的模板、库、历史面板等能有效地解决这个问题。

本章要点
(1)模板的优势;
(2)如何创建模板;
(3)创建模板各区域;
(4)库的定义及使用;
(5)历史面板的使用。

8.1 模板的优势

在使用模板的站点中,如果需要更改应用模板的网页,那么只需要修改模板的内容,就可以更新站点中所有的文件,大大提高了工作效率,特别对于维护静态的站点其优势尤其明显。

8.2 创建模板

在Dreamweaver CS6中,可以利用一个已有的HTML页面来创建模板,也可以应用命令来创建空白的模板,还可以使用"资源"面板中的"模板"子面板来创建模板。

8.2.1 使用已有页面创建模板

应用已有的页面可以将其另存为模板,这也是最常用的创建模板的方法,具体操作如下:

(1)打开一个已完成的网页,此处打开配套案例/Template/index.htm,如图8.1所示。

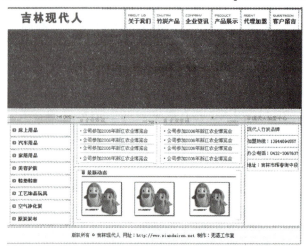

图8.1 打开已制作好的页面

(2)删除页面中与其他页有变化的区域,留下相同的区域,如图8.2所示。
(3)选择菜单命令"文件"→"另存模板",弹出"另存模板"对话框,如图8.3所示。

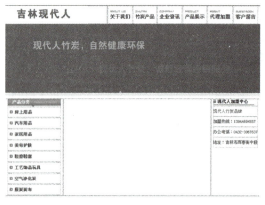

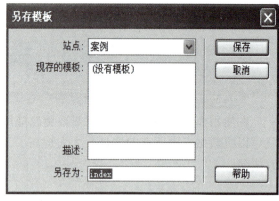

图8.2 删除有变化的区域　　　　图8.3 "另存模板"对话框

对话框中各项参数设置如下:
① 站点:用来设置所要保存的模板,保存在当前系统设置的某个站点中。
② 现存的模板:当前站点已有的模板名称。
③ 描述:对当前要保存模板的文字进行描述。
④ 另存为:模板要保存的名称。

本模板直接保存在当前站点下,文件名为index,描述说明为"网站模板"。

（4）单击"保存"按钮，在站点文件下自动产生一个新的文件夹templates，模板indx.dwt保存在该文件夹下。

8.2.2 使用菜单命令创建空白模板

选择菜单命令"文件"→"新建"，在"类别"列表框中选择"模板中的页"，在右侧"模板中的页"列表中选择相应的模板类型，如图8.4所示。

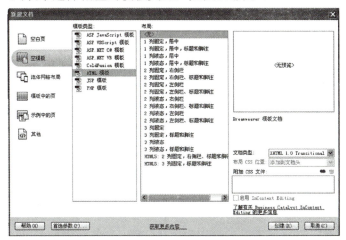

图8.4 "新建文档"对话框

单击"创建（R）"按钮，即可创建一个新的空白模板。

8.2.3 使用模板子面板创建模板

使用模板子面板创建模板的操作步骤如下：

（1）使用快捷键F11，或选择菜单命令"窗口"→"资源"，打开"资源"面板，如图8.5所示；

（2）单击左侧的"模板"按钮，在下方的空白处右击，在弹出的菜单中选择"新建模板"选项可以创建一个新的模板。

（3）给创建的未知模板重命名，应便于记忆，此处命名为"news.dwt."

（4）打开所创建的模板，在Dreamweaver CS6程序的上方活动窗口的文件名前显示"模板"，表示当前文档为模板。

图8.5 "资源"面板

8.3 创建模板可编辑区域

创建模板后，要划分模板中的可编辑区域：

（1）在文件列表中双击已经建立的模板index.dwt；

（2）选中文档中的可编辑区域；

（3）选择菜单命令"插入"→"模板对象"→"可编辑区域"，弹出"新建可编辑区域"对话框，如图8.6所示；

（4）在"名称："文本框中输入可编辑区域的名称"可编辑单元"；

（5）单击"确定"按钮，在当前模板中创建名为"可编辑单元"的可编辑区域，如图8.7所示；

（6）如图8.7所示，可编辑区域是由虚线包围的，并显示可编辑区域名称；

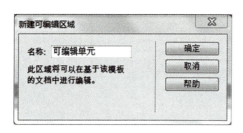
图8.6 "新建可编辑区域"对话框

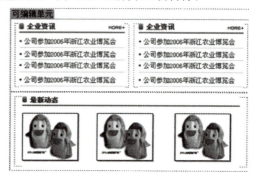
图8.7 建立的可编辑区域

（7）选中可编辑区域，切换至代码视图，可以看到可编辑区域的起始标记代码如下：

`<!--Tem plate Begin Editable name="可编辑单元"-->`

可编辑区域的结束标记代码如下：

`<!--Tem plate End Editable-->`

技巧：可编辑区域边线的颜色可以自行设置。设置方法如下：选择菜单命令"编辑"→"首选参数"，在"分类"列表框里选"标记色彩"项，在右侧的可编辑区域色彩块里可以进行选择，并选中后面的复选框，确认可编辑区域的边线在文档视图中可以显示，如图8.8所示。

（8）用同样的方法，将模板index.dwt最右侧表格内的单元格创建为可编辑区域，创建后页面如图8.9所示；

（9）保存模板，关闭当前页。

（10）选择菜单命令"文件"→"新建"→"从模板中创建"，选择刚创建模板中的站点，选择刚创建的模板名称，如图8.10所示。

（11）单击"创建（R）"按钮，则由刚才的模板创建了一个新的页面。

（12）选中"可编辑单元"中的第一个表格，将其删除，只留"最新动态"这个表格；

（13）选中"右侧可编辑区域"中的所有内容，将其删除，输入新的内容"公司名称：吉林现代人""联系电话：0432-3067637""联系方式：13944694557""公司地址：吉林市晖春街中段",并进行修饰；

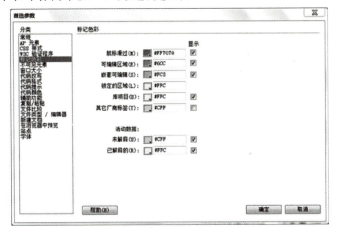

图8.8 设置可编辑区域的边框颜色　　　图8.9 创建"右侧可编辑区域"

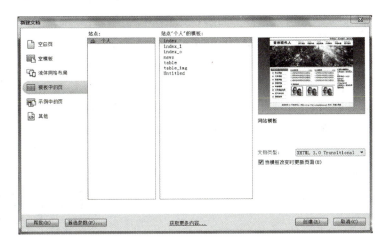

图8.10 从模板创建

（14）保存刚建立的页面，命名为news.html；

注意：在使用模板创建的页面中，除了可编辑区域，其他的区域均是不可选状态，单击也是不可选状态，变为 形状。

（15）切换至代码视图，查看代码，发现代码中不可编辑的代码均变为灰色，即使将光标移至灰色代码中，也不能进行修改、删除等操作，如图8.11所示。

图8.11 不可编辑代码为灰色

8.4 创建模板重复区域

8.4.1 使用菜单命令创建空白模板

在文档中，有时需要某些区域或某些表格中的一些行是重复的，有时可以利用模板的重复区域来制作，方便以后的更新维护。创建模板重复区域步骤如下：

（1）打开8.3节中创建好的index.dwt，在此处建立模板重复区域；

（2）选中"右侧可编辑区域"，将其删除，在此处建立模板复区域；

（3）在刚删除的单元格内，建立图8.12所示的内容；

（4）从图8.11中可以看到该表格中的第1行、第3行、第5行、第7行都是重复的，如果网站中有许多这样的页面，则在更新当前行的内容时必须对每一个页面进行操作，此时用模板的重复区域就可以轻松解决这个问题；

（5）选中重复的行，然后选择菜单命令"插入"→"模板对象"→"重复区域"，弹出如图8.13所示对话框；

（6）在"名称："文本框中输入"行重复区域"；

（7）单击"确定"按钮，则在模板中创建了重复区域，如图8.14所示。

图8.12 创建需重复的元素

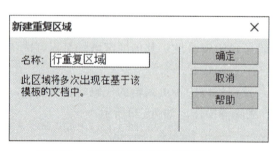

图8.13 "创建重复区域"对话框

图8.14 创建模板重复区域

8.4.2 创建重复表格

应用模板可创建重复表格，用以定义包括表格格式中可编辑区域的重复区域，图8.15

所示的效果也可使用模板的重复区域实现,这样在以后的修改更新中就不用每次都进行复制、粘贴处理了,可以使用插入重复表格的办法来实现。

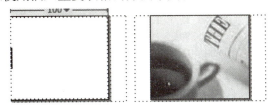

图8.15　由表格实现的图片阴影效果

注意:重复表格定义在可编辑区域的重复区域内。

具体操作步骤如下:

(1)打开案例news.htm,选中要设置重复插入的表格,如图8.16所示;

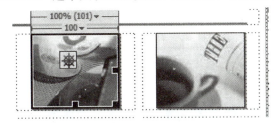

图8.16　选中要设置重复插入的表格

(2)查看表格中的代码,可以看到图像所在的表格是由一个一行一列的表格组成的,图像外层的表格是一个二行二列的表格,右侧两行合并后插入一个细条的图像d-right.gif,左侧第一行内放置包含图像的表格,第二行内放置一个图像d-bottom.gif;

(3)在最外层表格所在的行下再插入一行,如图8.17所示;

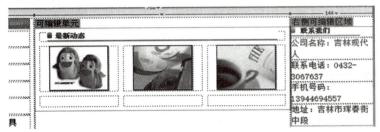

图8.17　插入行选中要设置重复插入的表格

(4)合并该行中的3个单元格为1个单元格;

(5)选择菜单命令"插入"→"模板对象"→"重复表格",弹出"插入重复表格"对话框,在对话框中设置表格的各项属性,如图8.18所示;

(6)单击"确定"按钮,在文档中成功地插入一个重复表格;

(7)将插入重复表格上一行中的多余元素删除;

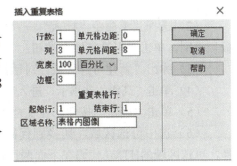

图8.18　"插入重复表格"对话框

（8）选择菜单命令"文件"→"保存"，弹出"另存模板"对话框，设置模板的"另存为："和"描述："，如图8.19所示；

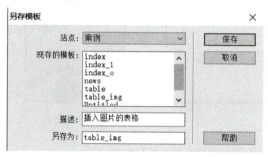

图8.19　"另存模板"对话框

（9）单击"保存"按钮，生成另一个重复表格模板，这时可以发现模板中"可编辑区域"和"重复表格"的边框颜色发生了变化。

8.5　创建模板可选区域

使用模板创建的可选区域有两种类型：

（1）可选区域：用户可以自己设定是否显示标注的区域，在这个区域内，用户无法编辑该区域内容；

（1）可编辑的可选区域：用户可以自己设定是否显示标注的区域，在这个区域内，用户可以编辑该区域内容。

8.5.1　创建可选区域

创建模板的可选区域的具体操作步骤如下：

（1）打开要创建可选区域的文件，在此打开index_0.htm文件，选择想要设置为可选区域的元素；

（2）选择菜单命令"插入"→"模板对象"→"可选区域"，或在工具栏中选择"模板"类别，单击"可选区域"按钮；

（3）弹出"新建可选区域"对话框，设置名称为"可选区域1"；

（4）单击"高级"选项卡，进入新建可选区域的高级选项，设置该可选区域是否可见；

（5）单击"确定"按钮，在文档中创建一个可选区域；

（6）选中可选区域，切换到代码视图，查看可选区域的代码。在可选区域有模板注释，可选区域的HTML代码在下面两行代码之间；

```
<!--Tem plate Begin lf cond="charset='gb2312'"-->
<!--Tem plate End lf-->
```

（7）回到文档视图，选中可选区域，在"属性"面板中单击"编辑"按钮，可以修改可选区域的名称及条件；

（8）单击"保存"按钮，该文档将自动保存为模板。

8.5.2　创建可编辑可选区域

创建可编辑可选区域的步骤如下：

（1）打开index_0.htm文件，将光标定位在要插入可选区域的位置；

（2）选择菜单命令"插入"→"模板对象"→"可编辑可选区域"，或在工具栏中单击"可编可选区域"按钮，弹出"新建可选区域"对话框，设置"基本"和"高级"两个选项卡中的参数。

注意：在创建模板的可编辑可选区域时，不需要将对象选中再创建，只需将光标放置在要插入可选区域的位置即可。

8.6　模板的应用

通过前面的讲解，相信大家对于模板的使用有了比较清晰的认识，下面应用模板创建网页，系统地理解模板在网页中的作用及优势。

8.6.1　应用模板

模板的应用操作步骤如下：

（1）选择菜单命令"文件"→"新建"→"从模板新建"，在模板中选择之前做好的模板index；

（2）单击"创建"按钮，创建一个应用index.dwt模板的文件；

（3）对该文档内的可编辑区域进行编辑；

（4）保存文档为product.html；

（5）用同样的方法应用index.dwt模板创建一个文档contact.html；

（6）打开index.dwt模板，在导航里制作链接，保存模板时，会弹出"更新模板文件"对话框；

（7）单击"更新"按钮，应用index.dwt模板创建的所有文件将自动更新。

8.6.2 模板分离

应用模板创建的网页，有时需要在某个网页中针对不可编辑区域进行编辑，这时需要将当前页面脱离原来的模板。具体操作步骤如下：

（1）打开案例文档templates、news.htm，另存为news1.htm。在页面的右上角显示该页为基于模板index.dwt创建的页面。

（2）选择菜单命令"修改"→"模板"→"从模板中分离"，这时页面成为一个独立的页面。

8.7 库

提高一个网站的页面制作效率，除了可以使用模板外，还可以使用库实现页面的批量更新。库与模板的区别在于库只针对网页中的局部内容，而模板针对整个网页。

在使用了库的文档中，库文件的内容在如下两行代码之中。

```
<!--#Begin Library ltem "/Library/foot.lbi"-->
<!--#End Libray ltem -->
```

8.7.1 模板分离

现有的网页内容可以转化为库文件，Dreamweaver CS6中也可以创建新的库文件。

1．现有的网页转化为库文件比较常用，具体步骤如下

（1）打开文档，选中需要转换为库的内容；

（2）选择菜单命令"修改"→"库"→"增加对象到库"，在右侧"资源"面板中的"库"类别中出现新的库文件，将其命名为copy，按Enter键进行确认。

在文档中转换为库的内容，背景会以淡黄色显示，是不可编辑内容。

2．创建新的库文件

（1）单击"资源"面板中的"新建库项目"按钮，切换到库面板；

（2）在库面板空白处单击右键，在弹出的快捷菜单中选择"新建库项目"，在面板中出现一个未命名的库文件Untitled，将其命名为foot，按Enter键确认；

（3）双击刚建立的库文件foot，在文档窗口中打开库文件并进行编辑。

注意：Dreamweaver CS6在创建库文件的同时自动在站点根目录下创建名为Library的文件夹，库文件均保存在该文件下，扩展名为.lbi。设置库文件的方法同普通的网页相似，但不能设置页面属性。

8.7.2 插入库

创建好库以后，可以将库插入文档中任何位置，具体步骤如下：
（1）打开文件，将光标定位在要插入库的位置；
（2）将"资源"面板切换到"库"面板，在面板的列表中选择要插入的库文件名称，单击面板下方的"插入"按钮。

8.7.3 更新库

修改库文件中的内容，在保存库文件时，弹出"更新库项目"对话框，提示是否更新库项目。
单击"更新"按钮，所有应用了库项目的文档将同时更新。

8.7.4 库的分离

插入库文件的文档有时需要和该库文件进行分离，让网页可以独立编辑，不受库文件更新的影响，操作方法同模板分离相似。

8.8 本章小结

通过本章的学习，学生可以了解应用模板、库提高网页制作效率的操作方法。有了模板和库的帮助，网页可以批量更新，可以大大提高制作网页及更新的效率。

8.9 上机实训

8.9.1 规划、建立站点

（1）在D盘下新建一个mysite文件夹作为站点根目录，并在该文件夹下建立images、

files、others三个子文件夹。

（2）分发素材。

（3）打开Dreamweaver，创建站点"驴友俱乐部"，指定站点文件的目录mysite。

8.9.2 新建网页文件

（1）执行"文件 / 新建"命令，在"新建文档"对话框中，建立"HTML模板"。

（2）执行"文件 / 保存"命令，将网页保存在站点目录下，保存文件名为"index.html"。

（3）在当前网页运用表格完成"标题栏""导航栏""版权栏"的制作。

（4）将光标定位在主要内容区的单元格内，执行"插入记录/模板对象/可编辑区域"命令，并设置可编辑区域名称。

（5）执行"文件/另存为模板"命令，将网页模板另存为kj.dwt（见效果图）。

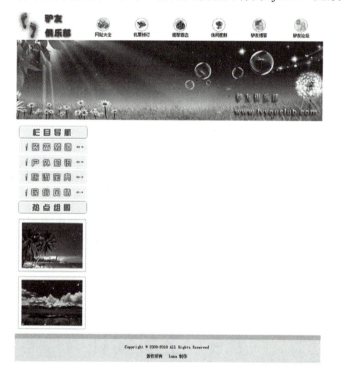

8.9.3 页面的制作

（1）新建空白页面，并执行"修改/模板/应用模板到页"命令，分别创建"首页""装备频道""户外知识""旅游宝典""民俗风情"5张页面（见效果图）。

8.9 上机实训

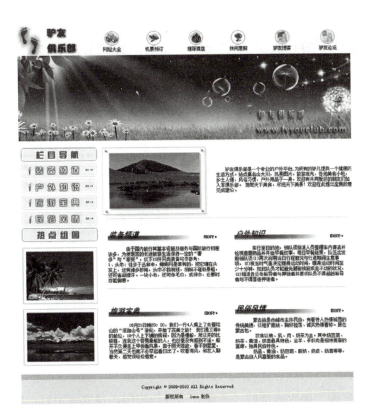

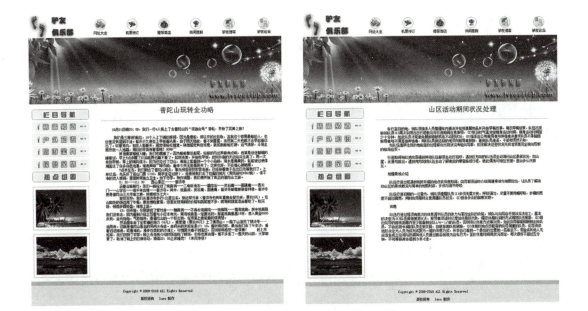

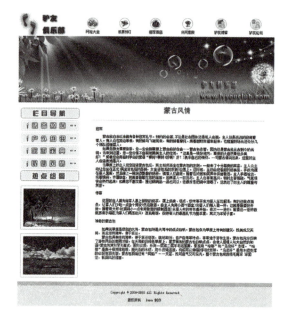

（2）在各页面可编辑区域内插入表格，完成内容区域的制作。

（3）打开模板kj.dwt，设置导航栏处的图片链接。

（4）保存修改后的模板，并完成网页的更新。

（5）单击"资源"面板底部的"新建库项目"按钮，建立库项目，并修改库项目的名称为sylj，双击打开该项目，在该项目中输入文字"返回首页"并设置文字链接至首页。

（6）执行"文件/保存"命令，保存当前库项目。打开各分页，将光标定位在内容区域所在的单元格处，选取库项目"sylj"，单击"资源"面板底的"插入"按钮（见效果图）。

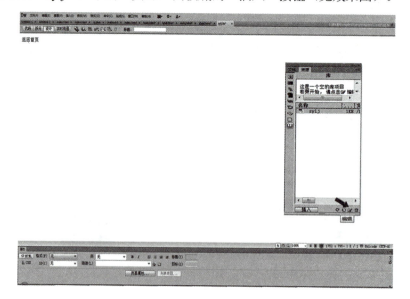

8.9 上机实训

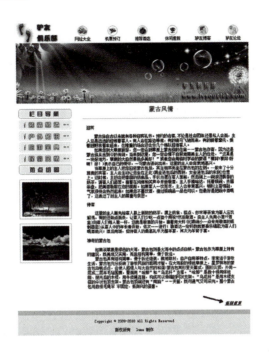

第9章 框 架

本章要点 ➪ （1）了解什么是框架；
（2）掌握框架的建立和应用；
（3）了解AP Div和"AP元素"面板的概念；
（4）掌握AP Div和"AP元素"面板的操作。

9.1 框架结构概述

　　框架主要由两个部分组成，即框架集和单个框架。所谓框架集，是指在一个文档内定义一组框架结构的HTML网页，它定义了一个网页显示的框架数、框架大小、载入框架的网页源和其他可定义的属性。单个框架是指在网页上定义一个独立的区域，以显示独特的网页内容。

　　在页面中实现框架功能的标记有两个：框架组标记<FRAMESET>和框架标记<FRAME>。框架组标记的功能是划分一个整体框架；框架标记的功能是设置整体框架中的某一个框架，并声明其框架页面的内容。

　　使用上述标记的语法格式如下：

```
<FRAMESET>
    <FRAME  src="URL">
    <FRAME  src="URL">
</FRAMESET>
```

9.1.1 框架组标记

使用框架组标记的语法格式如下：

```
<FRAMESET属性=属性值>
...
</FRAMESET>
```

9.1.2 框架标记

框架标记<FRAME>可以指定页面的内容，所以可以将框架和其包含的内容的文件联系在一起。

使用框架标记的语法格式如下所示：

<FRAMEsrc="文件名"name="框架名"属性=属性值noresize>
…
<FRAMEsrc="文件名"name="框架名"属性=属性值noresize>

框架常用的属性值如表9.1所示。

表9.1

属性	描述
src	设置该框架对应的源文件
name	调置框架名称，不可为中文
border	设置框架的边框宽度
bordercolor	设置边框的颜色
frameborder	设置是否显示框架的边框，0为不显示，1为显示
marginwidth	设置框架内容与左右边框的距离
marginheight	设置框架内容与上下边框的距离
scrolling	设置是否加入滚动条
noresize	设置是否允许各窗口改变大小，默认设置是允许改变

scrolling取值说明如表9.2所示。

表9.2

取值	说明
Yes	设置加入滚动条
No	设置不加入滚动条
auto	设置自动加入滚动条

9.2 框架的创建

创建预定义的框架集：

使用预定义的框架集可以很轻松地选择需要创建的框架集。创建预定义框架集的具体操作步骤如下：

在菜单栏中选择"插入（I）"→"HTML"→"框架（S）"→"左对齐（L）"，如图9.1所示。

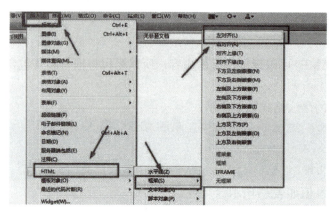

图9.1 创建框架

在弹出的"框架标签辅助功能属性"对话框中选择"框架:"和"标题:",如图9.2所示。

在设计视图中会出现左右两个框架,如图9.3所示。

图9.2 设置框架标题

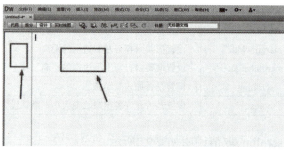

图9.3 左右框架

菜单栏中选择"文件(F)"→"保存全部(L)",弹出的"另存为(A)"对话框保存为1.html。

单击右框架,选择"文件(F)"→"框架另存为(A)",保存为2.html。

单击左框架,选择"文件(F)"→"框架另存为(A)",保存为3.html。

在设计视图中选中框架边框(这个边框很隐蔽),如图9.4所示。

图9.4 框架边框

选中边框之后,"属性"面板如图9.5所示。

图9.5 框架集"属性"面板

选择需要调整的参数，左右边框都可以选择，然后单击"文件（F）"→"保存全部"。

最后可以按快捷键F12进行预览。

9.3 向框架中添加内容

创建好一个框架后，会在所创建的框架中添加内容，以丰富网页。

上一小节生成的框架，可以分别在框架内的两个页面上写文字。注意：这是三个页面，如图9.6～图9.8所示。

图9.6 预览页面

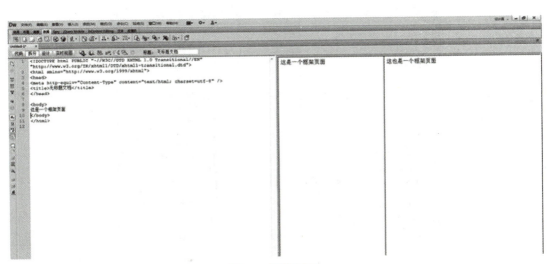

图9.7 预览页面一

第 9 章 框 架

图9.8 预览页面二

我们从左侧的代码区可以看出,框架集和框架页面之间的关系。

9.4 创建嵌套框架集

在原有的框架内创建一个新的框架,称为嵌套框架集。一个框架集文件可以包含多个嵌套框架。大多使用框架的Web其实使用的都是嵌套框架集,在Dreamweaver中大多数的预定框架集也是使用的嵌套,如果在一组框架的不同行列中有许多不同数目的框架,则需要使用嵌套框架集。框架可以有多种嵌套方式,如图9.9所示。

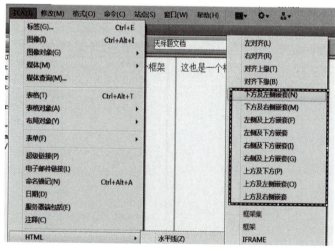

图9.9 框架嵌套

在这里，选择的是"下方及左侧嵌套（N）"，效果如图9.10所示。

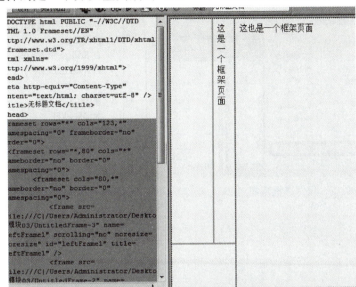

图9.10　下方及左侧嵌套的效果

9.5　保存框架和框架文件

在浏览器中预览框架集之前，必须保存框架集文件以及在框架中显示的所有文件。

1．保存所有的框架集文件

要保存所有的框架集文件，需要选择"文件（F）"→"保存全部（L）"，如图9.11所示。

2．保存框架集文件

只保存框架集的操作，如图9.12所示。

3．保存框架文件

保存框架文件的操作，如图9.13所示。

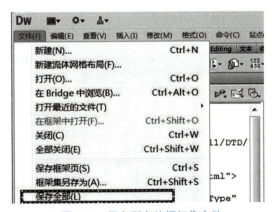

图9.11　保存所有的框架集文件

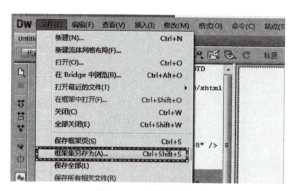

图9.12　只保存框架集

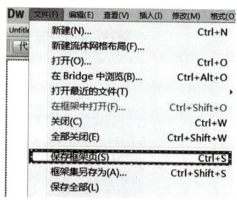

图9.13　只保存框架页

9.6　选择框架和框架集

选择框架和框架集是对框架页面进行设置的第一步,之后才能对框架和框架集进行设置。

9.6.1　认识"框架"面板

框架和框架集是单个的HTML文档。要想修改框架或框架集,首先应该选择它们,可以在设计视图中使用"框架"面板来进行选择。

框架面板位于右下角,如果没有出现,我们可以在窗口菜单中选中框架,如图9.14、图9.15所示。

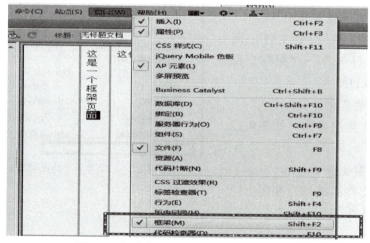

图9.14　勾选窗口面板中的"框架(M)"

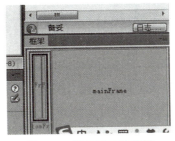

图9.15 框架显示效果图

9.6.2 在"框架"面板中选择框架或框架集

在"框架"面板中随意单击一个框架就能将其选中,当框架被选中时,文档窗口中的框架周围就会出现带有虚线的轮廓。在下角的框架面板中,可以很清晰地看到整个页面的框架分布情况,可以直接在上面选择需要改的框架。

9.7 设置框架和框架集属性

9.7.1 设置框架属性

在文档窗口中,按Shift+Alt组合键,单击选择一个框架,或者在"框架"面板中单击选择框架,即可在"属性"面板中显示框架属性,框架的属性和一般网页的属性一致。

9.7.2 设置框架集属性

在文档窗口中单击框架集的边框,即可选择一个框架集,此时,会在"属性"面板中显示框架集属性,框架属性包括框架集的行列、边框和边框宽度以及颜色等。

9.7.3 改变框架的边框颜色

在制作网页的过程中,为了使网页更加美观,还可以为框架设置不同的背景颜色,更改框架的边框。

框架主要由两大部分组成:框架系(Frameset)和框架集(Frame)。框架系包括的信息:页面中框架的数目、框架大小、嵌入框架中的页面源代码以及其他可定义的属性。框架是较早在网页中使用的对象,使用框架可以把浏览器的窗口划分若干个区域,每个区域可以显示不同的网页,还可以通过链接让各个区域之间的网页建立联系。

9.8 AP Div和"AP元素"面板

在Dreamweaver中,AP Div是一种页面元素,可以定位于网页上的任何位置;通过在网页上创建并定位AP Div,可以使页面布局更加整齐、美观;使用AP Div也可以制作重叠网页内容。

9.8.1 AP Div概述

AP元素(绝对定位元素),是一种HTML网页元素,一般称为"层",即网页内容的容器,包含文本、图像和其他任何可以在HTML文件正文中放入的内容且可以精确定位谁在网页中的任何地方。AP元素有如下特点:

① 作为容器,可以放置其他网页元素。
② 灵活定位,在CS5中,系统地使用Div标记和CSS技术来实现AP层对象的显示效果,所以也称其为绝对定位的Div标记。

9.8.2 "AP元素"面板

在Dreamweaver中,有一个与AP Div相关的面板——"AP元素"面板。在"AP元素"面板中,可以方便地对所创建的AP Div进行各种操作,在菜单栏中执行"窗口"→"AP元素"命令,即可打开"AP元素"面板,如图9.16、图9.17所示。

图9.16 绘制AP Div

图9.17 "AP元素"面板

9.8.3 创建AP Div

创建AP元素的方法很简单,执行菜单栏中的命令或者在"插入"面板中都可以实现插入AP Div,拖动创建AP Div层。

9.9　AP Div的属性设置

创建完AP Div之后，还可以在"属性"面板中对AP Div的属性进行设置。

9.9.1　AP Div 的"属性"面板

双击AP Div层，可以在下面的属性面板中查看该AP Div的属性设置。

9.9.2　改变AP Div 的可见性

AP Div的可见性不仅可以在AP Div"属性"面板中进行修改，还可以在"AP元素"面板中进行修改。可以单击"可见性"下拉列表，修改AP Div的可见性，如图9.18所示。

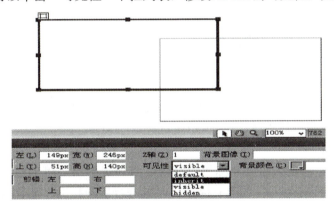

图9.18　改变AP Div的可见性

9.9.3　改变AP Div的堆叠顺序

我们可以通过更改"Z轴（Z）"的数字（见图9.19）来更改AP Div的堆叠顺序。

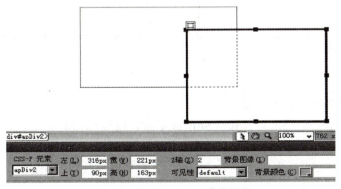

图9.19　改变AP Div的堆叠顺序

9.9.4 防止AP Div 重叠

在右侧面板区，可以选中"AP元素"中的"防止重叠"，如图9.20所示。

图9.20 选定"防止重叠"

9.10 AP Div的基本操作

要正确运用层来设计页面的布局，就必须熟悉层的相关基本操作。层的基本操作有层的激活、层的选中、层的移动、调整层的大小、层的复制、层的删除、层的对齐和排序以及层的嵌套等。

9.10.1 层的激活与层的选中

1．层的激活

在层中进行网页元素的插入时，需对层进行激活才可以进行操作。将鼠标移到层中任意位置，单击即可进行层的激活，如图9.21所示。

2．层的选中

对层进行移动、调整大小、删除等操作时，必须选中层，单击层的边框或手柄，这时图的边框会出现控制点，层为选中状态，可以进行层的移动、删除等操作，如图9.22所示。

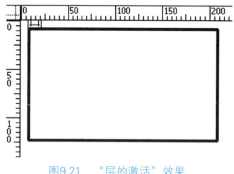

图9.21 "层的激活"效果

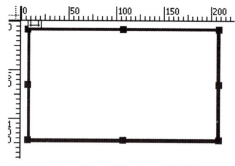

图9.22 "层的选中"效果

多个层的选中有以下两种方法：

方法1：在选中一个层之后，按住Shift键不放，继续单击其他层，就可以同时选中多个层。

方法2：利用层面板，先单击一个层的名字，然后同时按住Shift键，再单击其他要选中层的名字，如图9.23所示。

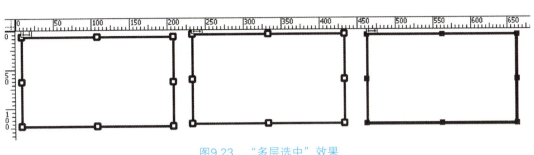

图9.23 "多层选中"效果

细心的读者可以发现：选中的多个层中，控制点不相同，最后一个选中的层的控制点是实心的，之前选中的层的控制点变为空心的。

9.10.2 层的移动

选中层以后，当光标变为4个箭头的形状时，直接选择层的控制手柄，同时按住左键不放，对层进行水平或垂直方向的移动，移动前后"属性"面板中发生变化的就是层距离左上角的距离，如图9.24所示。

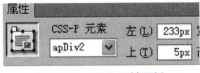

图9.24 "层"属性面板

9.10.3 调整层的大小

选中层以后，层的四周出现了控制点。
（1）垂直调整：当鼠标移到上下边框的控制点时，鼠标变成上下箭头的形状，向上或向下拖动鼠标，可以实现对层垂直方向的尺寸调整。
（2）水平调整：当鼠标移到上下边框的控制点时，鼠标变成左右箭头的形状，向左或向右拖动鼠标，可以实现对层垂直方向的尺寸调整。
（3）等比例缩放：当鼠标移到边框四个角的控制点时，鼠标变成斜的双向箭头，向对角线的方向拉伸鼠标，可以实现对层的高和宽以及距离页面左方、上方的尺寸调整。

9.10.4 层的复制

（1）选择一个层，按Ctrl＋C快捷键复制；
（2）单击文档空白处，取消层的选择；
（3）按Ctrl＋V快捷键，将层粘贴到文档中。
注意：在复制层时，层中所有对象均被复制。

9.10.5 层的删除

层的删除有以下两种方法。

方法1：选中层，选择菜单命令"编辑"→"删除"，可以将该层删除。
方法2：选中层，按Delete键，也可将层删除。

9.10.6 层的对齐和排序

（1）在一个文档中可能出现多个层，仅用层的移动不能使页面整齐，还需要对层进行有序的排序；

（2）选中多个需要对齐或排序的层。

选择菜单命令"修改"→"排列顺序"，单击后面的小三角按钮，在二级菜单中选择对齐或排序的方式。

9.10.7 层的嵌套

层同表格元素一样，也可以进行嵌套。在层中再创建层，创建后的层称外面的层为父层，里面的层为子层。子层随父层移动，并继承父层的可见性，可以通过插入、拖动方法创建。

直接创建嵌套层的操作步骤如下：

（1）打开文件index_qt.htm页面，选中已有的层Layer1，如图9.25所示；

（2）在图层Layer1中，用创建图层的方法再创建一个层，插入图像zbtjl，jpg，如图9.26所示。

图9.25　选中层layer 1

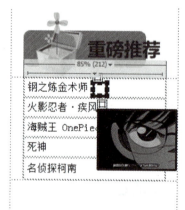

图9.26　选中层layer 2

（3）从图9.25可以看出，第二个层在第一个范围内，但是查看"层"面板时发现两个层依然是并列的状态，如图9.27所示。

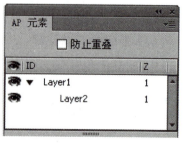

图9.27　"层"面板效果

9.11 本章小结

使用框架可以将浏览器分成不同的窗口,通过在框架之间建立链接,使网站风格统一;应用层对网页进行排版布局有着很大的灵活性。

9.12 上机实训一

9.12.1 规划、建立站点

(1)在D盘下新建一个mysitelx文件夹作为站点根目录,并在该文件夹下建立images、files、others三个子文件夹。
(2)分发素材。
(3)打开Dreamweaver,创建站点"中职教育网",指定站点文件的目录mysitelx。

9.12.2 新建网页文件

(1)新建网页index.html,创建"上方和下方框架",并将中间框架页拆分为"左侧框架"(见效果图)。

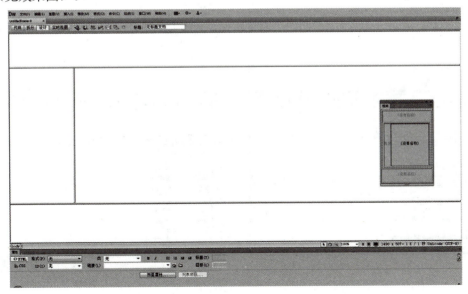

（2）保存当前框架网页及框架集，将框架集保存在站点根目录下，文件名为index.html，将左侧、右侧、顶部、底部框架网页保存在files文件夹内，文件名分别命名为"left.html""main1.html""top.html""bottom.html"。

（3）分别打开"left.html""main1.html""top.html""bottom.html"网页文件，制作相应的内容（见效果图）。

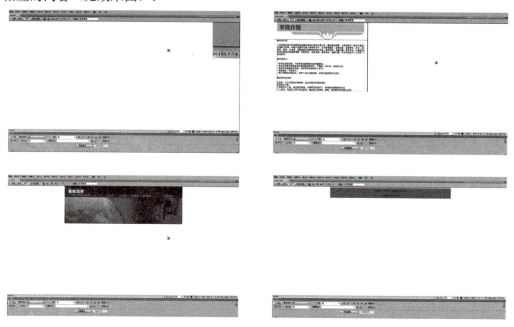

（4）按"main1.html"网页文件，分别制作完成main2.html、main3.html、main4.html、main5.html的页面制作（见效果图）。

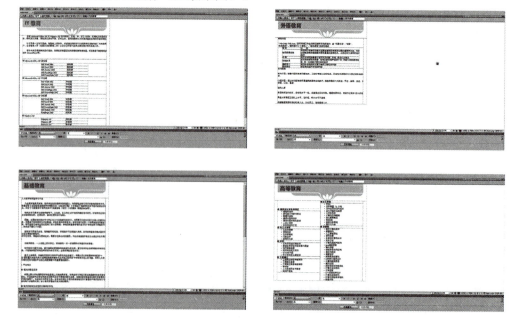

9.12.3 设置框架及框架集属性

（1）打开index.html，利用框架面板选取最外侧框架集，输入网页标题"中职教育网"并设置框架集相关属性。

（2）选取"框架"面板中"左侧"框架，在"属性"面板中将框架名称命名为"leftFrame",滚动设置为"否"，且设置"不能调整大小"，边框设置为"否"。

（3）选取"框架"面板中的"右侧"框架，在"属性"面板中将框架名称命名为"mainFrame",滚动设置为"否"，且设置"不能调整大小"，边框设置为"否"。

9.12.4 完成框架中的分页链接

完成框架页面的网页链接，并将目标设置为"mainFrame"（见效果图）。

9.13 上机实训二

9.13.1 规划、建立站点

（1）在D盘下新建一个mysitelx文件夹作为站点根目录，并在该文件夹下建立images、

files、others三个子文件夹。

（2）分发素材。

（3）打开Dreamweaver，创建站点"动漫网"，指定站点文件的目录mysitelx。

9.12.2 新建网页文件

1. 新建网页index.html,利用表格进行布局，制作"标题栏"、"导航栏"、"热点新闻"栏目、"经典回顾"栏目、"重磅推荐"栏目、"版权栏"（见效果图）。

（2）利用嵌套AP元素,制作下拉菜单。

① 将光标定位在导航栏文字"首页"前，执行"插入记录/布局对象/AP Div"命令，插入一个AP元素。

② 修改"属性"面板中的值，设置CSS—P元素为"menu"，设置宽为20px，高为20px（见效果图）。

③ 将光标定位在该AP Div中，再次执行"插入记录/布局对象/AP Div"命令，插入其子AP元素，并通过"属性"面板设置CSS—P元素为"rdxw"，设置宽为200px，高为70px，左为30px，上为5px，并在该AP元素中插入背景图像menu2.gif（见效果图）。

④ 将光标定位在"rdxw"AP元素中，插入一行三列的表格，表格宽度为200px，高度为70px，填充为8px。在单元格中输入文字"国际新闻"、"国内新闻"以及分隔线。

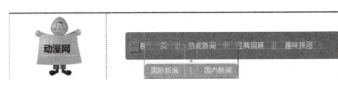

⑤ 选取文字"热点新闻",在属性面中设置该文字为空链接。

⑥ 保持文字为选中状态,单击"行为"面板的添加按钮,选取行为"显示—隐藏元素",在弹出的对话框中设置"rdxw"为显示,确认后,修改触发事件为"onMouseOver"(见效果图)。

⑦ 重复上述步骤,选取行为"显示—隐藏元素",在弹出对话框中设置"rdxw"为隐藏,触发事件为"onMouseOut"(见效果图)。

⑧ 选取AP元素"rdxw",重复步骤(6)和(7),选取行为"显示—隐藏元素",即鼠标移入该AP元素时,显示该AP元素。移出时,隐藏该AP元素。

⑨ 按同样的方法完成下拉菜单"经典回顾"。

⑩ 使用前面活动中的方法制作嵌套AP Div,并结合行为"显示—隐藏元素",使鼠标移至"重磅推荐"栏目文字时,弹出相应的图片(见效果图)。

第10章　创建多媒体网页

本章要点 ➡ （1）在文档中插入Flash。
（2）在文档中插入透明Flash动画。
（3）在文档中插入FLV视频。
（4）在文档中插入声音。

10.1　插入Flash动画

在网页中，还可以插入SWF动画，SWF动画一般是由Flash动画制作软件制作的动画，该动画文件体积小、效果华丽，并且是矢量动画，不会因尺寸改变而失真。在Dreamweaver CS6中插入SWF动画的具体步骤如下：

（1）单击插入面板中的按钮 ，打开"Select SWF"（"选择SWF"）对话框，在该对话框中选择要插入的"SWF文件（*.swf）"，单击"确定"按钮，如图10.1所示。

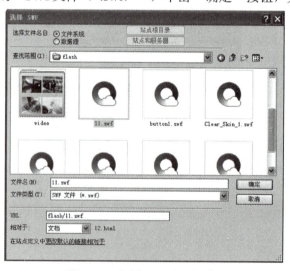

图10.1　"选择SWF"对话框

（2）执行完步骤（1）后将打开对象标签辅助功能属性对话框，在该对话框中，可以为插入的对象设置标题、访问键和Tab键索引等属性，这里不进行任何设置，单击"确定"按钮即可将SWF动画插入页面。

（3）在文档中插入动画，Flash动画在文档中显示为一个带 图标的灰色框。
（4）单击插入的Flash动画，在"属性"面板中单击 播放 按钮，可以在Dreamweaver CS6的文档视图中直接测试播放当前动画，此时按钮变为 停止 ，单击此按钮停止动画播放。

10.2　插入透明Flash动画

现在互联网上有些很炫的动画能够用在网页制作当中，配以精美的背景图片让制作者既可以使用漂亮的动画，又省去制作动画的麻烦，下面介绍插入透明动画的步骤：
（1）前三步与10.1相同；
（2）选中动画，在"属性"面板中单击"Wmode（M）"选项，选择透明 Wmode(M) 透明 。

10.3　插入FLV视频

FLV流媒体格式是一种新的视频格式，全称为Flash Video。由于其文件体积小、加载速度快和视频质量良好等，其在网站设计上迅速盛行，目前，各在线视频网站均采用此视频格式。Dreamweaver CS6提供了在页面中插入FLV视频的功能，具体的添加步骤如下：
（1）单击插入面板中的按钮，将打开"Insert FLV"（插入FLV）对话框，在该对话框中选择要插入的FLV视频文件，播放器的外观、视频的宽度和高度如图10.2所示。
①URL：设置要播放的视频文件。
②外观：设置外观样式。

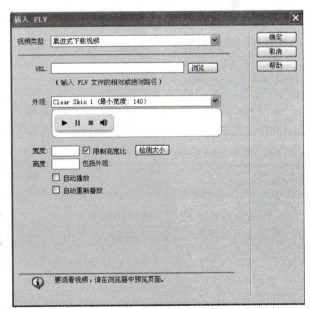

图10.2　"插入FLV"对话框

Dreamweaver CS6 在播放FLV视频时，提供两种视频类型：一种是"累进式下载视频"；另一种是"流视频"。采用"累进式下载视频"时，首先将FLV文件下载到访问者的硬盘上，然后播放，它允许在下载完成之前就开始播放视频文件；而采用"流视频"时，是对视频内容进行流式处理，并在一段可确保流畅播放的很短的缓冲时间后，在网页上播放该内容。

　　（2）单击"确定"按钮，即可将FLV视频播放到页面中，并使用Dreamweaver CS6提供的FLV播放器来播放该视频。

10.4　插入声音

　　上网时，有时打开一个网站会响起动听的音乐，这是因为该网页中添加了背景音乐，在Dreamweaver CS6中添加背景音乐时需要在代码视图中进行。

1. 在Dreamweaver中插入音频文件

在"设计"视图中，将插入点放置在要嵌入文件的地方，然后执行以下操作之一：

（1）在"插入"栏的"常用"类别中，单击"媒体"按钮，然后选择"插件"图标；

（2）选择"插入"→"媒体"→"插件"。

如果要音乐自动播放，则修改代码：

```
<embed src=歌曲地址width=200 height=50 type=audio/mpegloop="true" autostart="true"></embed>
```

loop="true"表示无限次循环，loop="false"表示自由控制播放次数，等号后面也可以换成任何阿拉伯数字，height="高度值" width="宽度值"这些同样可以自由调控。

相关代码：

```
<embed src="Flash 地址" width=500 height=340 ></embed>
```

"Flash地址"必须以"http：//"开头和".swf"结尾，width指播放画面的宽度，height指播放画面的高度，如果需要居中，则在上面代码前面加入<Palign=center>。

2. 插入mp3代码

```
<embed src="mp3地址" width=310 height=35 type=audio/x.pn.realaudio.plugin controls="ControlPanel, StatusBar" autostart="true" loop="true">
```

支持rm 或mid 格式（随机播放）：

```
<embed src="rm mp3 mid地址" width=150 height=25 type=audio/x.pn.realaudio.plugin controls="ControlPanel" autostart="true">
```

非自动播放：

```
<embed src="rm mp3地址" width=248 height=66 type=audio/x.pn. realaudio.plugin border="0" >
```

隐藏mp3播放器：
```
<embed width="0" height="0"src="mp3地址" type="application/x.shockwave.flash"></embed>
```
3．视频常用播放器MTV
```
<embed src="视频地址" type="audio/x.pn.realaudio.plugin" console="Clip1" controls="ControlPanel.StatusBar" height="330" width="450" autostart="true">
```
4．插入背景音乐的代码
```
<bgsound src="mp3 mid地址" loop="-1">
```
音乐地址一般都以mid或者mp3的形式结尾，后面的数字是播放次数，"-1"是循环播放。

10.5 本章小结

经过本章的学习，读者可以很详细地了解到在网页中插入多媒体的一些方法与技巧。或许读者对于编程并不是特别精通，但对于在浏览网页中一些看起来很难理解的特殊效果以及视频、动画等都可以通过Dreamweaver CS6轻松实现。

10.6 上机实训

10.6.1 规划、建立站点

（1）在D盘下新建一个mysitelx文件夹作为站点根目录，并在该文件夹下建立images、files、others三个子文件夹。
（2）分发素材。
（3）打开Dreamweaver，创建站点"家庭装饰网"，指定站点文件的目录mysitelx。

10.6.2 新建网页文件

（1）新建网页，保存在站点根目录下，文件名为index.html。设置网页标题为"家庭装饰网"。

（2）利用表格进行布局，制作"家庭装饰网"首页。

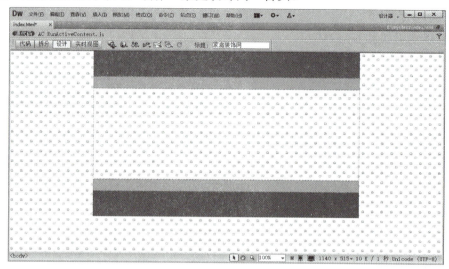

① 将光标定位在第三行单元格内，执行"插入/媒体/SWF"命令，选择start.swf文件。

② 将光标定位在第五行单元格内，执行"插入/媒体/SWF"命令，选择text1.swf文件，选取插入的文件，在"属性"面板中将"Wmode"设置为透明（见效果图）。

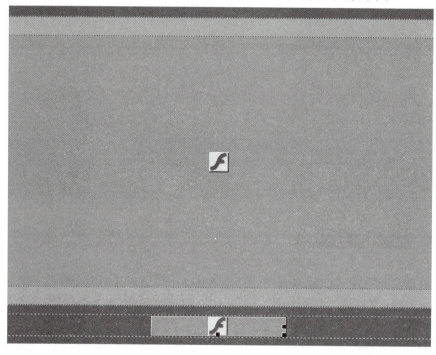

③ 将光标定位在第五行单元格内，执行"插入/媒体/插件"命令，选择yx.mp3文件，代码如下：

```
<embed src="yx.mp3" width="5" height="5" type=audio loop="-1"autostart="true"></embed>
```

第11章 行为的编辑

本章要点 ⇨ （1）学习如何使用行为面板；
（2）掌握什么是标准事件；
（3）了解什么是内置行为。

11.1 应用行为

使用行为可以使网页制作人员不用编程即可实现一些程序动作，如验证表单、打开浏览器窗口等。

11.1.1 使用"行为"面板

Dreamweaver中的行为是一系列JavaScript程序的集成，利用行为可以使网页设计师不用编写复杂的程序就可以实现满意的程序动作，它包含两部分内容，分别是事件和动作。动作是特定的JavaScript程序，但必须是在有事件发生的前提下，该程序会自动运行。在Dreamweaver中使用的行为，主要是通过"行为"面板来控制的。行为是由对象、事件和动作构成的；对象是由某个事件和由该事件触发的动作的组合。在"行为"面板中，可以先制定一个动作，然后指定触发该动作的事件，从而将行为添加到页面中，在"窗口（W）"中单击"行为（E）"，打开"行为"面板，如图11.1、图11.2所示。

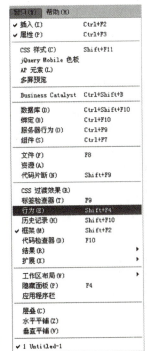

图11.1 "窗口（W）"选择"行为（E）"

图11.2 行为标签

11.1.2 添加行为

在Dreamweaver中可以为文档、图像、链接和表单元素等任何网页元素添加行为,在给对象添加行为时,可以一次为每个事件添加多个动作,并按"行为"面板中动作列表的顺序来执行动作,"行为"面板可以添加若干行为,如"弹出信息""改变属性"等,如图11.3所示,行为包括对象、事件和动作。

添加一条"行为"的一般步骤是:首先在页面上选择需要添加"行为"的对象,如一个图片、一个链接,单击"行为"面板上的"+"按钮,从弹出的菜单中选择一个动作,如"播放声音",在打开的动作设置对话框中设置好各个参数后回到"行为"面板,然后单击"事件"栏的倒三角形按钮,选择一个合适的事件。

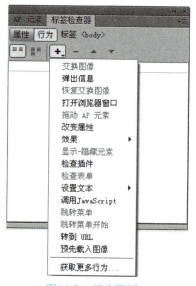

图11.3 行为面板

11.2 标准事件

行为具有标准事件,包括鼠标的动作、键盘的动作以及其他出现的情况,如图11.4所示。

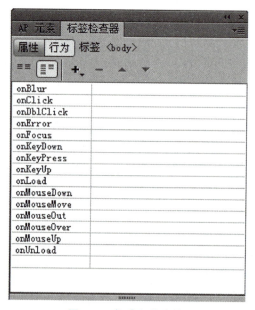

图11.4 标准行为事件

11.3 内置行为

Dreamweaver将一些常见的行为集成在工具中,可以在不需要编写JavaScript程序的情况下生成各种网页特效,这些网页特效就是Dreamweaver的内置行为。行为(Behavior):在Dreamweaver中预置的JavaScript程序,由事件(Events)和对应动作(Actions)组成,它能实现用户与网页间的交互,通过某个动作来触发某项计划,如当用户在页面中将鼠标移动并单击某一个链接后,载入一幅图像,这就是产生了两个事件"onMouseOver"和"onClick",同时触发了一个动作"载入图像"。事件(Events):浏览器都会提供一组事件,事件与动作相关联,当访问者与网页进行交互时,浏览器生成事件,但并非所有的事件都是交互的,如设置网页每10 s自动重新载入,根据所选对象和在"显示事件"子菜单中指定的浏览器的不同,显示在"事件"下拉列表中的事件将有所不同。

1. 设置文本

1)"设置层文本"行为

"设置层文本"行为可以用指定的内容替换现有层的内容和格式设置,但将保留层的属性,包括颜色,该内容可以包括任何有效的HTML源代码。

2)"设置框架文本"行为

"设置框架文本"行为可以动态设置框架的文本,用指定的内容替换框架的内容和格式设置,该内容可以包含任何有效的HTML源代码,使用此行为可以动态显示信息,如图11.5所示。

3)"设置文本域文字"行为

"设置文本域文字"行为可以用指定的内容替换表单文本域的内容,如图11.6所示。

图11.5 "设置框架文本"

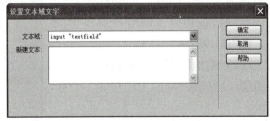

图11.6 "设置文本域文字"

4)"设置状态栏文本"行为

"设置状态栏文本"行为可在浏览器窗口底部左侧的状态栏中显示消息,如可以使用此行为在状态栏中说明链接的是目标而不是显示链接的URL。在进行网页编辑时,用HTML代码并不能实现对网页状态栏的编辑。实际上,浏览器的状态栏是可以更改的,JavaScript编辑的方法可以改变浏览器的状态栏。Dreamweaver也提供了方便的设置状态栏的行为,如图11.7所示。

图11.7 "设置状态栏文本"

2. 打开浏览器窗口

打开一个新的浏览器窗口，在其中显示所指定的内容，网页设计者可指定该新窗口尺寸、是否可调节大小、是否有菜单等属性，如图11.8所示。打开"浏览器窗口"设置参数如表11.1所示。

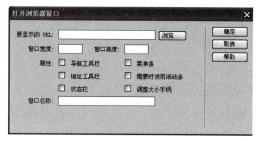

图11.8　"打开浏览器窗口"

表11.1

参数设置	描述
要显示的URL	弹出窗口的页面地址
窗口宽度	弹出窗口宽度
窗口高度	弹出窗口高度
导航工具栏	设置是否在弹出窗口中显示浏览器的导航工具栏
菜单条	设置是否在弹出窗口中显示浏览器的菜单条
地址工具栏	设置是否在弹出窗口中显示浏览器的地址工具栏
需要时使用滚动条	设置是否在弹出窗口中显示浏览器的滚动条
状态栏	设置是否在弹出窗口中显示浏览器的状态栏
调整大小手柄	设置弹出窗口是否可以让用户调整窗口大小
窗口名称	设置弹出窗口的名称

3. 交换图像

"交换图像"行为可将一个图像替换为另一个图像，此动作一般用来创建翻转按钮以及同时替换多个图片，如图11.9所示。

（1）图像：列出当前页面中所有的图像，后面带*号的为已设置了交换图像。

（2）设定原始档：在图像中选择名称，在后面的文本框中输入鼠标经过时的图像，或者单击"浏览"按钮选择本地图像。

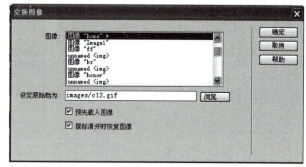

图11.9　"交换图像"行为

（3）预先载入图像：选中该复选框，当页面载入时图像同时载入，加快浏览速度。

（4）鼠标滑开时恢复图像：选中该复选框，当鼠标移开该图像时，恢复到原来的初始图像，如不选，则显示的是交换的图像。

4. 恢复交换图像

"恢复交换图像"行为用于将替换的图像恢复为原始的图像，此命令经常与交换图像同时使用。

5．改变属性

"改变属性"行为用于改变网页元素的属性值，如图11.10所示。

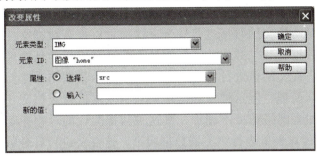

图11.10 "改变属性"行为

（1）对象类型：在下拉列表中有11个选项，选择其中一项作为改变属性的对象类型。本案设置改变为另一幅图像，因此选择对象类型为img。

（2）命名对象：在选择文档中存在的对象类型后，选择需改变的属性，如在对象类型中选择当前文档并不存在，会显示"***无法找到FORM***"的字样。

（3）属性：选中"选择"单选按钮，可以选择"src"的浏览器版本号；选中"输入"单选按钮，可以直接输入属性。

（4）新的值：输入改变后的值，例如设置为"images/sound2.gif"。

6．检查插件

"检查插件"行为用于检查访问者的电脑中是否安装了特定的插件，以决定是否将浏览者带往不同的页面，如浏览者电脑中安装了Flash插件，就播放Flash给浏览者观看；如果没有安装，就直接将浏览者带往没有Flash的页面，如图11.11所示。

图11.11 "改变属性"行为"检查插件"行业

（1）插件：有两个单选按钮——"选择""输入"，只能任选其一，可以使用系统自带的插件或输入插件名称选择插件类型。

（2）如果有，转到URL：添加当前下载插件的URL地址，或单击"浏览..."按钮选择本地地址；否则，转到URL：添加备用下载地址，或单击"浏览..."按钮选择本地地址。

（3）如果无法检测，则始终转到第一个URL：选中复选框，只使用第一个地址来作为插件的下载地址。

7．检查表单

"检查表单"行为用于检查指定文本域的内容，以确保用户输入了正确的数据类型，使用"onBlur"事件添加到文本域，可以在用户填写表单时对域进行检查，若使用"onSubmit"事件将其添加到表单，则在用户提交表单的同时可对多个文本域进行检查。

使用该行为可以防止表单提交到服务器后指定的文本域包含无效的数据，在网页中提交表单时，应该对所提交的数据进行验证，这样可以提高数据交互的准确性，有利于用户与服务器进行数据交互。数据验证有服务器验证和客户验证两种方式。服务器验证是服务器程序对用户提交的值进行各自判断，对不同的数据与浏览器进行不同的数据交互或进行不同的数据处理，但这种验证是用户与服务器进行数据交互的过程，会占用较多的服务器资源。如果网络速度不理想，则这种数据验证的过程速度也不快，更好的方法是用JavaScript编程对表单进行浏览器数据验证，这需要进行各种数据验证的编程和响应过程。Dreamweaver提供了功能强大的浏览器数据验证的生成方式，用户并不需要进行编程就可以很好地完成浏览器数据的验证工作。下面是"检查表单"对话框中各项设置的含义：

"值："用来设置这个字段是不是必须要填写。

"可接受："一组单选按钮，如果选择这一个字段必须填写，则可以在这些单选按钮中设置这个字段值的判断。

（1）"任何东西"表示字段可以是不为空的任意内容。

（2）"数字"表示字段必须是一个数字。

（3）"电子邮件地址"表示字段必须是邮件地址。

（4）"数字从到"表示字段必须是一个数字且必须在指定的范围内，如图11.12所示。

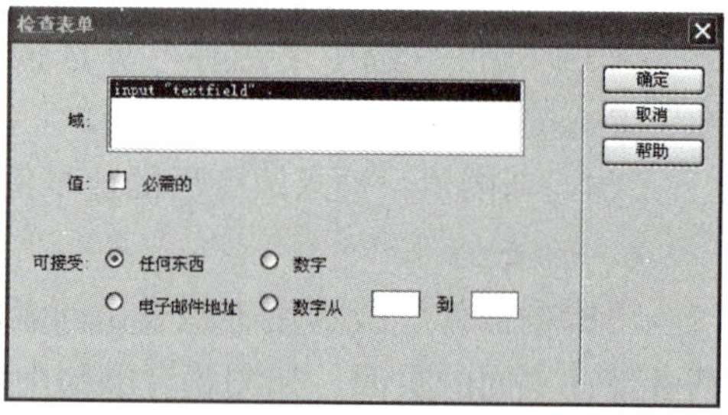

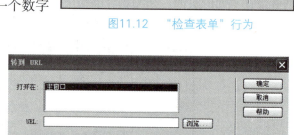

图11.12　"检查表单"行为

8．转到URL

选择"转到 URL"行为可在当前窗口或指定框架内打开一个新的页面，此行为在一次单击改变两个或更多框架的内容时特别有用。它也可以在时间轴内被调用，在特定时间间隔后跳转到新的页面，如图11.13所示。

图11.13　"设置导航栏图像"行为

9．时间轴

"时间轴"行为包括"播放时间轴""转到时间轴帧""停止时间轴"，通过链接或者按钮来控制时间轴动画的播放，如图11.14～图11.17所示。

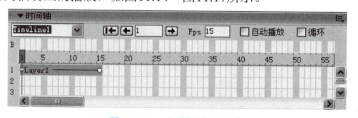

图11.14　"时间轴"行为

图11.15 "播放时间轴"

图11.16 "转到时间轴帧"

图11.17 "停止时间轴"

10．弹出信息

"弹出信息"行为将用于显示一个指定的JavaScript提示信息框，该提示信息是提供给浏览者的，浏览者不能做出选择，也不能控制信息框的外观，只有一个"确定"按钮，其外观取决于浏览器属性，如图11.18、图11.19所示。

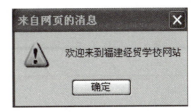

图11.18 "弹出信息"行为   图11.19 "弹出信息"行为设置后效果

11．拖动AP元素

"拖动层"行为使网页中层的位置不再是固定不变的，可以随着浏览者的鼠标运动而运动，层在拖动过程中还可调用JavaScript代码或函数，从而实现一些特殊效果，如图11.20～图11.21所示。

图11.20 "拖动层"行为   图11.21 "拖动层"

第 11 章　行为的编辑

12．显示-隐藏层

"显示-隐藏层"行为用于改变一个或多个层的可见性，此行为可以用于交互时显示信息，如当鼠标光标滑过一个图像时，显示该图像的相关信息；当鼠标光标离开这个图像时，提示信息消失，如图11.22所示。

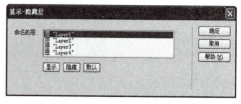

图11.22　"显示-隐藏层"行为

13．显示弹出式菜单

"显示弹出式菜单"行为用于在网页中实现类似于Windows系统中的菜单效果，在设计网页时可以把一个类别的页面都放在菜单中，这样就能从主页直接访问到需要的子页，如图11.23所示。

14．插入跳转菜单

"插入跳转菜单"行为用于修改已经创建好的跳转菜单，如果网页中有很多链接，而这些链接不需要直接显示在页面上，就可以做出一个下拉跳转菜单。把链接放在一个下拉菜单中，选择下拉菜单中的选项以后，页面会自动跳转到这一个网页。跳转菜单也是用JavaScript编程实现的，可以借助Dreamweaver自动生成跳转菜单，如图11.24所示。

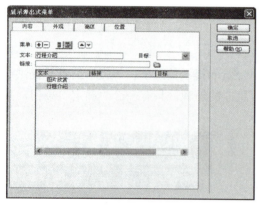

图11.23　"显示弹出式菜单"行为

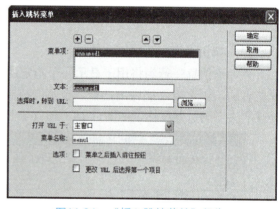

图11.24　"插入跳转菜单"行为

15．跳转菜单开始

"跳转菜单开始"行为与"插入跳转菜单"行为密切相关，"跳转菜单开始"行为允许将"前往"按钮和一个"插入跳转菜单"行为关联起来，如图11.25所示。

图11.25　"跳转菜单开始"行为

16．预先载入图像

网页中包含各种各样的图像，由于有些图像在网页中被浏览器下载的时候不能被同时下载，因此要显示这些图片就需要再次发出下载指令，而这样会影响浏览者的浏览效果，但如果使用"预先载入图像"行为先将这些图片载入到浏览器的缓存中，就会避免出现延迟。在进行导航条的图片交换，鼠标经过图像等网页交互时，有些图片需要预先载入，浏览器在打开网页时，虽然这些图片不会马上显示，但会根据用户的交互随时显示这些图片。预先载入图片可以缩短用户等待下载的时间。在运行网页时，浏览器只是预先载入了所设置的图像，但在浏览器上并没有显示，其他的JavaScript可以调用这些载入的图像。在网页代码中，浏览器预先载入图像是使用JavaScript实现的，如图11.26所示。

17. 调用JavaScript

"调用JavaScript"行为用于执行"行为"面板中某个特定事件时调用自己编写的JavaScript代码、函数，如图11.27所示。

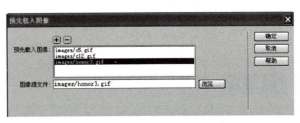

图11.26 "预先载入图像"行为

图11.27 "调用JavaScript"行为

11.4 本章小结

本章介绍了使用行为面板制作网页的一些动态效果。"行为"面板实际就是一个强大的JavaScript程序库，使用行为面板可以实现网页的交互功能及许多动态效果。Dreamweaver CS6通过行为面板在网页中自动生成JavaScript代码，并且将所生成的代码自动和响应的事件相联系，例如onClick（单击）、onLoad（载入）、onMouseOut（鼠标离开）等。使用行为可以非常方便地制作出交互性强而且动感十足的网页。

11.5 上机实训

11.5.1 规划、建立站点

（1）在D盘下新建一个mysitelx文件夹作为站点根目录，并在该文件夹下建立images、files、others三个子文件夹。

（2）分发素材。

（3）打开Dreamweaver，创建站点"茶文化"，指定站点文件的目录mysitelx。

11.5.2 新建网页文件

（1）新建网页，保存在站点根目录下，文件名为index.html。设置网页标题为"茶文化"。

（2）利用表格进行布局，制作"标题栏"、"导航栏"、"版权栏"及内容区域（见效果图）。

（3）应用行为一：添加"弹出信息"行为。

① 选取文档窗口底部的<body>标签，单击"行为"面板的添加按钮，在弹出菜单中选择"弹出信息"动作（见效果图）。

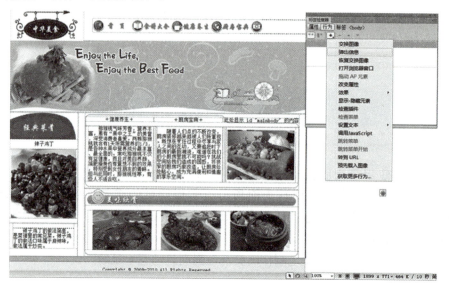

② 在"消息："域中输入消息"欢迎进入中华美食网！"（见效果图）。

③ 在"行为"面板中设置默认事件为"onLoad"（见效果图）。

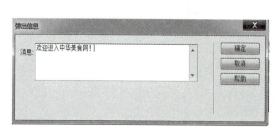

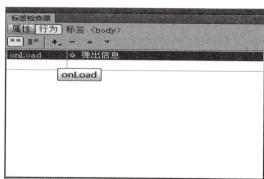

(4)应用行为二：添加"打开浏览器窗口"行为。

① 新建网页，并将网页保存在站点根目录中，文件名为"zygg.html"。

② 选取文档窗口底部的<body>标签，单击"行为"面板的添加按钮，在弹出菜单中选择"打开浏览器窗口"动作。

③ 在弹出的"打开浏览器窗口"对话框中，单击"浏览…"按钮，选取网页文件"zygg.html"，将"窗口宽度："设置为230，"窗口高度："设置为150（见效果图）。

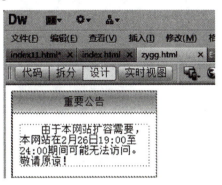

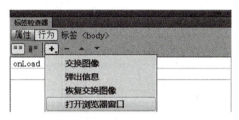

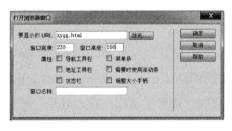

(5)应用行为三：添加"交换图像"和"恢复交换图像"行为。

① 选择左侧图像lzjd.jpg，在"属性"面板中设置图像名称为"tu1"（见效果图）。

② 保持图像的选中状态，单击"行为"面板的添加按钮，在弹出菜单中选取"交换图像"。在"交换图像"对话框中，单击"浏览…"按钮，选取素材图像lzjd2.jpg，保持复选框"鼠标滑开时恢复图像"为选中状态，取消复选框"预先载入图像"（见效果图）。

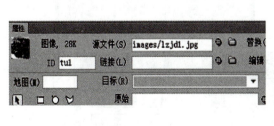

(6)应用行为四：添加"改变属性"行为。

① 选取文字"辣子鸡丁…"所在的DIV，在"属性"面板中设置ID为"WZ"（见效果图）。

② 保持上述选中状态，单击"行为"面板的添加按钮，在弹出的下拉菜单中选取"改变属性"动作，在"改变属性"对话框中，选取对象类型为"DIV"，命名对象为"DIV 'wz'"，属性选择"backgroundColor"，在"新的值："内输入"#FFD136"（见效果图）。

③ 修改触发事件为"onMouseOver"。

④ 重复步骤（3），在"新的值"内输入"#ffffff"，其余的值同上，修改触发事件为"onMouseOut"。

（7）应用行为五：添加"效果"行为。

① 分别选取页面右侧"美味欣赏"栏目中的图像pic1.jpg、pic2.jpg、pic3.jpg，单击"行为"面板的添加按钮，在弹出的下拉菜单中选取"效果"动作，在"效果"子菜单中分别选取"增大/收缩""显示/渐隐""晃动"。

② 修改触发事件为"onMouseOver"。

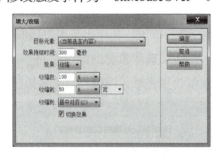

第12章 网页制作常用技巧

本章要点 ➪ （1）网页制作要领；
（2）网页制作规范；
（3）网页设计色彩搭配。

12.1 网页制作要领

如何让一个网站在第一时间抓住浏览者的眼球，提高流量？以网站的内容为主，再配以精致的图片设计和合理的布局排版，相信这样的网页可以让浏览者赏心悦目，而且在浏览时，可以快速找到自己需要的内容。

网页是一个彰显个性的舞台，特别是近几年来设计者的水平越来越高，网页更是突破了色彩、布局的限制。

在设计网页时，需要掌握以下几个要领：

（1）标题：在网页中标题起着重要的作用，标题决定一个网站的定位和内容取向。标题要尽量有概括性，并且尽量做到简短、易记、有个性，最主要的一点是要符合网站的主题思想和风格。

（2）Logo：Logo是与网站的整体风格相融，并能够体现网站的类型、内容和风格的图片，配以网站的标志及文字，可以让浏览者对网站的主题及功能有一个初步的认识。常用的Logo尺寸有三种：88×31、120×60、120×90，Logo可以制作成静态的或动态的，当然动态的更能吸引人们的注意。

（3）网页导航：每一个网页都有导航条，可以设计在网页的头部或左右侧，主要放置在网页的显眼处，可以使用文字或图片来实现。导航是一个页面的精髓，是连通页面之间的桥梁。在导航栏目上的设置最好不要超过十个，层次上要少于五层，主要栏目类别一般能直接在首页中有所显示，并加以二级页面的链接。

（4）图片处理：图片体现一个设计者制作水平的标准，处理的原则是"精、简"。精要求图要处理得精细，特别是在一些小图标的处理上，要尽量精，线条明了，色彩搭配得当；简要求在保证图片质量的情况下，尽量缩小图片的大小。图片的大小在很大程度上影响了网页的传输速度，常用图片的格式有jpg、gif、png。在网页上多次使用同样的图像，是一个加快浏览速度的好办法，因为一旦被载入，以后再载入就会很快，大大提高了网页的浏览速度。

（5）布局：考虑到浏览者显示器的分辨率，无论是采用1 024×768还是320×480（智能手机），都尽量让用户在浏览网页时，可以看全部网页的效果，并且不会在布局上错乱，因而页面整体的排版设计是不可忽略的，要合理地运用表格，划分页面的各个区域，让网页井井有条，将主题表达清楚。有一点要特别注意：不要把整个网页都用图片或文字填充得特别紧密，要适当留一些空白，这是通过视觉上的手段给人带来心理上的轻松与快乐。

（6）内容：网站内容是搜索引擎的第一要素，注意网站内容要原创并且有价值。一个网站的内容必须与其标题相符，突出网站的自身个性，再将内容进行分类，通过合理的布局将这些内容表现出来，让读者一目了然，不要放一些与网站主题不相关的内容。

（7）CSS样式设置：在网页设计过程中，CSS样式是不可或缺的一项设置，样式表不需要多个，如下段代码：

```
<linkhref="style/1.css"rel="stylesheet"type="text/css"/>
<linkhref="style/2.css"rel="stylesheet"type="text/css"/>
<linkhref="style/3.css"rel="stylesheet"type="text/css"/>
```

每一个样式表里都设置了2~3个样式，这样重复操作加大的工作量更是没有必要的，特别是CSS样式表的名称，最好不要随便命名；文件要单独放在一个文件夹下。

12.2 网页制作规范

同样是做网页，有的网页看上去让人很舒服，而有的网页还没有打开就被关掉了，这主要是因为网页内容不够吸引用户。另外，网页的色彩、布局等因素，都是影响网站流量的关键因素。在制作网页的过程中要注意使用网页制作规范。

12.2.1 网站目录建立规范

一般在网站的根目录下建立images、js、css、media、temp几个子目录，HTML文件一般放在网站根目录下。

（1）images：用来存放网页中用到的图片。
（2）js：用来存放网页中用到的脚本文件。
（3）css：用来存放CSS样式表文件。
（4）media：用来存放SWF、AVI、RMVB等多媒体文件。

（5）temp：用来存放制作网页时的一些文字、图片、Flash源文件等。

规范目录，一方面方便资料的查找；另一方面制作过程一目了然，即使网站由几个设计者制作，在编辑网页文件时，也会很方便地查找到需要的资料和文件。

注意：一般目录、文件的名称全部采用小写英文字母、数字、下划线的组合，不得包含汉字、空格和特殊字符；目录的命名应尽量使用英文，避免使用拼音作为目录名称，因为汉语的同音字太多了，可能时间长了自己也记不住，反而带来不便。

12.2.2 注释规范

在书写代码时要注意规范，因为代码不仅是给设计者一个人看的，可能以后还需要别人来阅读或修改。最重要的是，这是一个很好的习惯，如果一个页面中的代码有很多行，在以后阅读时，使用规范就能方便地找到相关代码。

12.2.3 CSS样式表书写规范

1. 链接

在\<style>和\</style>中使用链接时，a：link a：visited a：hover a：active要按顺序书写，否则在网页显示时，特别是当网页中存在多个链接样式时，会有显示上的问题。

在书写其他的样式时，也要注意格式，例如下面的代码：

```
<styletype="text/css">
a: link{font-size: 9px; color: #333; text-decoration: none; }
a: visited{font-size: 9px; color: #333; text-decoration: none; }
a: hover{font-size: 9px; color: #333; text-decoration: none; }
a: actived{font-size: 9px; color: #333; text-decoration: none; }
.style1{font: 12px; font-family: Verdana，"宋体"}
.style 2 {font: 14px; font-family: Verdana，"宋体"}
</style>
```

在代码中，每个样式中的一个属性一行，后面以英文输入分号"；"。

2. 首行缩进

在网页排版中经常会遇到首行缩进的情况，不建议使用空格或者全角空格达到效果，规范的做法是在样式表中定义p{text-inndent：2em}，然后给每一段加上\<p>标记，在段尾加上\</p>结束标记。

3. 字母、数字的字体设置

中英文混排时，尽可能地将英文和数字定义为verdana和arial两种字体，为了显示效果更好，最好将使用字母或数字的样式单独定义，不与宋体的样式混在一起用。

4. 行距

一般建议行距采用百分比来定义，如果用pt或px来定义，当样式改变时，行距不会按相应比例变化。常用的两个行距的值是"120%""150"。

5. 字号设置

字号建议用点数pt和像素px来定义。pt一般使用宋体的9pt和11pt，px一般使用中文宋体12px和14px，这是经过优化的字号，黑体字或宋体字加粗时，一般选用11pt和14px的字号比较合适。随着科技的发展，显示器在逐渐变大，分辨率也在逐渐提高，14px的字已经不能满足人们的需要，可以使用16px和18px的字号，但是这两个字号不应在同一个面中使用，在显示数字和字母时，18px宋体将数字和字母显示为粗体，视觉效果很突出，而16px宋体的显示更接近于12px和14px的显示效果，因此选用16px宋体作为正文更为合适。

注意：汉字之间的标点要用全角标点，英文字母和数字周围的括号应该使用半角括号，所有的字号都应该用样式来实现，禁止在页面中出现<fontsize=?>标记。

12.2.4 表格代码书写规范

对于单独的一个<table>来说，<table>与<tr>对齐，<td>缩进两个半角空格；<td>中如果还有嵌套的表格，<table>也缩进两个半角空格；如果<td>中没有任何嵌套的表格，则</d>结束标记应该与<td>处于同一行，不要换行，而且属于同一个级别的<table>要靠左侧对齐。

在网页中插入表格之前，尽量选用最佳的方案，表格的嵌套尽量控制在三层以内，而且要尽量避免有<colspan>和<rowspan>两个标记，如果对HTML中表格的拆行和合并不是特别了解，在以后插入行或列时，容易使整个页面的排版出现问题。

一个网页，要尽量避免用一张大表格。浏览器在载入页面元素时，是以表格为单位逐一显示的，如果一个网页嵌套在一个大表格之内，而表格之中又嵌套了多层表格，那么当浏览者输入网址时，首先面对的是一片空白很长的时间，然后所有的网页内容才同时出现。如果必须这样做，则可以使用<tbody>标记，以便能够使这个大表格分块显示，减少空白的等待时间；或使用几个并列的表格将页面分成几个部分，加快网页中内容的显示速度。

12.2.5 空格的使用规范

不同语种的文字之间，应该有一个半角空格，在Dreamweaver CS6的设计视图中，使用键盘上的空格键，只能输入一个半角空格，如果用键盘的空格键来输入更多的空格，则可以切换到中文全角输入状态，但一般不赞成这样做，因为在英文字符集下，全角空格会变成乱码。

如果必须要在文档中插入空格，则可以切换到代码视图，通过在插入点输入一个或多个" "来实现，加入的数目，可以控制空格的大小。

另外，网页中不允许没有任何内容的空白单元格存在，因为某些浏览器会认为空白单元格非法而不予以正确显示，空白应该尽量使用text-indent、padding、margin、hspace、vspace以及透明的gif图片来实现。

如果网页中代码比较乱，可以使用"清理HTML/XHTML"对话框进行清理，如图12.1所示。

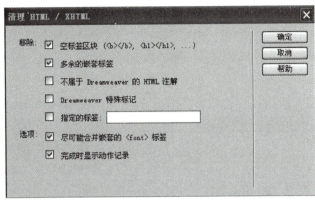

图12.1 "清理HTML/XHTML"对话框

12.2.6 Width和Height使用规范

Width和Height写法有统一的规范：
（1）表格只有一列：Width写在<table>标签内。
（2）表格只有一行：Height写在<table>标签内。
（3）多行多列的表格：Width和Height写在第一行或第一列的<td>标签内。

注意：不允许一个单元格内出现多个可以控制高度和宽度的定义，要保证网页中每一个Width和Height的设置都有效，避免重复定义，增加多余代码。

例如下面两段代码，显示的效果是一样的，代码2就比代码1规范。

代码1：

```
<tablewidth="400"border="1">
<tr>
<tdheight="25"> </td>
<tdheight="25"> </td>
</tr>
<tr>
<tdheight="25"> </td>
<tdheight="25"> </td>
</tr>
<tr>
<tdheight="25"> </td>
<tdheight="25"> </td>
</tr>
</table>
```

代码2：

```html
<tablewidth="400"border="1">
<tr>
<tdheight="25"> </td>
<td> </td>
</tr>
<tr>
<tdheight="25"> </td>
<td> </td>
</tr>
<tr>
<tdheight="25"> </td>
<td> </td>
</tr>
</table>
```

12.2.7 网页命名规范

1．默认文件设置

每个网站都有一个默认的文件，一般这个文件名为index.html，根据不同的程序语言，使用不同的扩展名。

2．网页命名规范

文件名应统一用小写的英文字母、数字或下划线的组合，避免用拼音来命名文件或文件夹的名称。

科学的文件名能够让文件分类排列，方便查找、修改、替换等操作。如图12.2所示，所有的文件名可以让人一目了然，在按名称排列时，也能让同类的文件正确排序。

图12.2　网页命名

12.2.8 图片命名规范

网页中所用的图片命名都要遵循以下几条规范：

（1）尽量使用英文或数字命名；

（2）名称采用"头+尾"的形式。头部表示图片类别的性质，尾部表示具体含义，尾部可以用数字表示，例如按钮用but_summit表示、菜单用menu_contact表示。

12.3　网页配色的原理

色彩是光作用与人眼睛视觉特性的反映，人的视觉是受大脑支配的，所以色彩也是一种心理反应，色彩感觉不仅与物体本来的颜色特性有关，还与时间、空间、外表状态以及该物体的周围环境有关，同时受人的经历、记忆力、世界观和视觉灵敏度等各种因素的影响。色彩是最先也是最持久地影响浏览者对网站兴趣的因素。色彩的使用在网页设计中起着非常关键的作用，有很多网站以其成功的色彩搭配令人过目不忘。色彩所表现的情感与内涵也会影响浏览者从感官到理性思维对网站的理解，所以我们必须慎重考虑网页设计中色彩的选取与搭配。实用网页色彩设计也有一些可寻性规律，要做好色彩设计，就需要大量的鉴赏与实践，以及色彩方面的常识。

12.3.1　色彩的基本知识

简单地说，色彩就是光经过物体散射到人眼睛中的颜色，在有彩色系中，任何一种颜色都具有三种基本要素，即色相、明度和纯度。通俗地说，一种色彩只要具备上述三要素就都归为有彩色系的范畴；无彩色系只有明度要素，缺少色相和纯度要素。色彩的三要素是三位一体、互相依存的关系，改变三要素的任何一个要素，都将影响到原色彩的外观效果和色彩个性。所以，在进行色彩研究和构成时要充分分析三要素的概念和关系。了解色彩的基本概念和规律，有助于我们进行实用色彩设计。色相（Hue）：简写H，表示色彩的相貌，表示色的特质，是区别色彩的必要名称，例如红、橙、黄、绿、青、蓝、紫等。色相和色彩的强弱及明暗没有关系，只是纯粹表示色彩相貌的差异，而从物理学的角度讲，这种差异是由光波的波长决定的。明度（Value）：又叫光度，简写V，表示色彩的强度，是指色彩感觉的明亮或晦暗程度，包括色彩本身的明暗程度或是一种色相在不同强弱光线下呈现的明暗程度。它是一切色彩现象所具有的共同属性，任何色彩都可以还原为明度性质从而被理解，并以此作为色彩构成的层次与空间依托，于是，有的色彩学家把明度称为"色彩的骨骼"。纯度（Chroma）：又叫彩度，简写C，表示色的饱和度，具体来说，是表明一种颜色中是否含有白或黑的成分，假如某色不含有白或黑的成分，其便是纯色，彩度最高；含有越多白或黑的成分，它的彩度就会越低。

各个色彩的纯度各不相同，明度也不同，高纯度的色彩加白、加黑或加其他低纯度的灰色，都会降低它们的纯度。黑、白、灰只有明度的差别，没有纯度的变化，在配色中常常将这三种无彩色作为调和、区隔的因素来使用。我国传统的建筑彩绘，虽使用了大量的纯度高的对比色或补色，但由于巧妙地发挥了黑、白、灰以及金银色的调和作用，使其既富丽堂皇又统一协调。在视觉设计中，合理地使用无彩色和金银色同样能取得意想不到的效果。

12.3.2　处理颜色的方法

色彩是人视觉最敏感的东西，网页色彩处理得好，可以锦上添花，达到事半功倍的效果。色彩总的应用原则应该是"总体协调，局部对比"，也就是说网页的整体色彩效果应该是和谐的，只有局部的、小范围的地方可以有一些强烈色彩的对比。在色彩的运用上，可以根据主页内容的需要，分别采用不同的主色调，因为色彩具有象征性，例如：嫩绿色、翠绿色、金黄色、灰褐色就分别象征着春、夏、秋、冬。色彩还有职业的标志色，例如：军警的橄榄绿，医疗卫生的白色等。色彩还具有明显的心理感觉，例如：冷、暖的感觉，进、退的效果等。另外，色彩还具有民族性，各个民族由于环境、文化、传统等因素的影响，对于色彩的喜好也存在着较大的差异。充分运用色彩的这些特性，可以使我们的主页具有深刻的艺术内涵，从而提升主页的文化品位。

12.3.3　色彩的印象、调和

当人的视觉器官在受到外界光的刺激时，会唤起大脑有关的色彩记忆痕迹，并自发地将眼前的色彩与过去的视觉经验联系到一起，形成新的情感或思想观念，这个过程称为"色彩的联想"。色彩的联想根据创作主题的不同可以分为具体联想、抽象联想和共同联想三种类别。

1．具体联想

色彩的具体联想是指由看到的色彩想到客观存在的、某一直观性的具体物体的色彩心理联想形式，一般来说，常用的色彩能够产生下面的具体联想：

（1）红色：太阳、火焰、血、苹果等。
（2）橙色：橘子、柿子、灯光、秋叶等。
（3）黄色：向日葵、香蕉、柠檬、黄金、迎春花、枯叶等。
（4）绿色：大地、草原、森林、蔬菜、青山等。
（5）蓝色：天空、海洋、水等。
（6）紫色：葡萄、茄子、夜空等。
（7）白色：雪、白云、白纸、天鹅等。
（8）灰色：乌云、灰烬、烟等。
（9）黑色：夜晚、黑发、乌鸦、煤炭、墨等。

2．抽象联想

色彩的抽象联想是指由看到的色彩直接想象到某种富于哲理性或抽象性逻辑概念的色彩心理联想形式，一般来说，常用的色彩能够产生如下的抽象联想：

（1）红色：热烈、革命、危险、愤怒等。
（2）橙色：温暖、健康、欢喜、朝气、嫉妒等。
（3）黄色：光明、希望、富贵、欢乐等。
（4）绿色：生命、安全、和平、安静、青春、自然等。
（5）蓝色：平静、理智、诚信、理想、速度等。

（6）紫色：高贵、优雅、神秘、细腻等。
（7）白色：纯洁、神圣、清静、明快、高尚等。
（9）灰色：失意、中庸、绝望、平凡等。
（9）黑色：恐怖、死亡、刚健、严肃、厚重、坚实等。

3．共同联想

色彩的共同联想是指由色彩视觉引导出其他领域的感觉或反向的色彩心理联想形式，一般来说，常用的色彩能够产生如下的共同联想：

（1）红色：吼叫、震动、干燥、热、坚硬、辣、浓香等。
（2）橙色：高音、悠扬、浑厚、发烧、干枯、甘甜、淡香等。
（3）黄：明快、响亮、悦耳、光滑、微湿、酸、清香等。
（4）绿色：平静、清雅、清凉、轻松、酸涩、薄荷等。
（5）蓝色：悠远、沉重、暗淡、忧郁、腐败等。
（6）紫色：幽深、柔美、丰润、酸甜等。
（7）白色：宁静、光亮、无味、花香等。
（8）灰色：消沉、烟味、无光泽等。
（9）黑色：沉重、失落、苦、焦炭等。

在现实生活中，人们所看到的大部分颜色都是多种色彩的混合物。所谓色彩的混合，是指用两种或多种色彩相互混合而产生新色彩的方法。根据混合的形式不同，色彩又分为加色混合、减色混合和中性混合三种。

1．加色混合

加色混合是指色光的混合形式，当两种以上的色光混合在一起的时候，明度提高，混合色的亮度相当于参与混合各色光的明度之和，故称"加色混合"。加色混合的三原色光是红、绿和蓝，其特点是这三种色光不能用其他色光混合产生，而它们之间混合却能得到任何光，故称"三原色光"。将三原色光或其中两个色光按照一定的比例相混合，可以产生无彩色系的白色光或灰色光。有彩色系的光能够被无彩色系的光冲淡并变亮，一般图像处理软件所提供的调色板均使用加色混合，如在Photoshop的RGB模式图像中，使用"颜色"面板来调整当前的前景色，如图12.3所示。

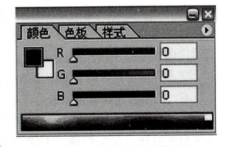

图12.3　"颜色"面板

2．减色混合

减色混合是指色素的混合形式，色素混合造成明度降低的减光现象，又称为"减光混合"或"负混合"。减色混合有色料混合和叠色混合两种方法。色料混合是不同的色彩颜色的混合方法，如各种广告色相相互混合、各种油画色相相互混合所形成的新色彩，色料在混合后，其明度、纯度均随之降低，而色相也呈现新的面貌。参与混合的色料数越多，吸光量就越大，而其反射光就越弱。叠色混合是透明物体色彩间相互重叠的混色方法，也称为"透光混合"。其特点是：透明物体每重叠一次，可透过的光线量就减少一些，所展现的新色彩的明度就显得较为暗淡一些。

3．中性混合

中性混合是指基于人眼的生理机能限制而产生的视觉色彩混合形式，这类混色效果的明度既不增加也不减少，而是接近混合各色明度的平均值，故称为"中性混合"。

12.3.4 色彩的对比

色彩对比的基本类型包括色相对比、彩度对比、补色对比、纯度对比和冷暖对比五种。色相对比中，任何一个色相都可以自为主色，组成同类色相对比、近似色相对比、对比色相对比或互补色相对比。这就是说，有一定纯度的色彩，不同程度的色相对比，既有利于人们识别不同程度的色相差异，也可以满足人们对色感的不同要求。

1．同类色相对比

同类色相对比是同一色相里的不同明度与纯度色彩的对比，这种色相的同一，不是各种色相的对比因素，而是色相调和的因素，也是把对比中的各色统一起来的纽带。因此，这样的色相对比，色相感就显得单纯、柔和、协调，无论总的色相倾向是否鲜明，调子都很容易统一调和，这种对比方法比较容易为初学者掌握，仅仅改变一下色相，就会使总色调改观。这类调子和稍强的色相对比调子结合在一起时，给人以高雅、文静之感；相反，则给人以单调、平淡无力之感。

2．近似色相对比

近似色相对比的色相感要比同类色相对比明显些、丰富些、活泼些，可稍稍弥补同类色相对比的不足，但不能保持统一、协调、单纯、雅致、柔和、耐看等优点。当各种类型的色相对比放在一起时，同类色相及近似色相对比，均能保持其明确的色相倾向于统一的色相特征，这种效果更鲜明、更完整、更容易被看见，这时，色调的冷暖特征及其感增效果就显得更有力量。

3．对比色相对比

对比色相对比的色相感要比近似色相对比鲜明、强烈、饱满、丰富，容易使人兴奋激动和造成视觉以及精神的疲劳，这类色相的组织比较复杂，统一的工作也比较难做。

它不容易单调，而容易产生杂乱和过分刺激，造成倾向性不强、缺乏鲜明个性的影响。

4．互补色相对比

互补色相对比的色相感要比对比色相对比更完整、更丰富、更强烈、更富有刺激性。对比色相对比会显得单调，不能适应视觉全色相刺激的习惯要求，互补色相对比可以满足这一要求，但它的短处是不安定、不协调、过分刺激，给人一种幼稚、原始和粗俗的感觉，要想把互补色相对比组织得鲜明、统一与调和不是一件容易的事。

12.4 网页设计色彩搭配

在网页设计之初，首先要考虑的就是这个网站的颜色。一般，会根据网站的类别和确定的网页，确定大致颜色取向，在页面上，除白色为背景外，大量使用的颜色就是这个网页的主体颜色。例如农业网站一般会选择绿色，艺术类的网站多数会选择色彩张扬的颜色或黑色，工商类网站多数会选择红色。

12.4.1 确定主体色

在制作中，多会根据网站的内容为客户选定一个主体色，并结合相关类别的网站所使用的色调。为客户制作的网站，首先要满足客户的需求，在确定客户的颜色取向之后，再配以合理的色彩，这样的网站才能达到设计者和使用者的要求。

初学网页设计时也可以参照知名的网站中所使用的色彩搭配，从中能获取不少设计灵感。不同的颜色带给人不同的感觉，同时让浏览者感受到设计者的情绪，每种色彩在饱和度或透明度上发生略微改变就会让人的心境产生不同的变化，具体可参考12.3.3节的色彩的印象、调和。

12.4.2 选择相近色

在网页配色时，尽量控制三种色彩以内，选择了主体色之后，再配以相近的颜色，例如黄色配以淡黄色，深粉色配以淡粉色，这样容易让网页色彩和谐统一。

（1）网页头部：可以采用主体色的反色，一般采用深色，放在浏览者第一时间能看到的位置。

（2）正文：网页的正文部分要求对比度高一些，例如白底配深灰色字，黑底配淡灰色字。

（3）导航栏：选择深色的背景色和背景图像，再配以反差强的文字颜色，让导航清晰、准确地引导浏览者在网站中的方位。

（4）侧栏：可以选择左侧或右侧，二级页面大都选择左侧栏，不少的三级页面选择右侧栏，起到引导读者浏览网站信息的作用，让其正文部分的颜色有所区分。

（5）尾部：可以考虑与侧栏使用同色，或与头部相呼应的颜色，避免网页整体看起来头重脚轻。

12.4.3 使用跳跃色

在网页中，引导线的颜色可以使用一些跳跃色，例如细线、按钮等，可以让网页增加灵活性，减少审美疲劳。整个页面的整体选用淡灰色，电子投票部分选择两个蓝色的按钮，让页面看起来不会平淡。

12.4.4 使用黑白色

无论网站的主体色调是什么，都会使用到黑白两种颜色，适当用白色调整网页的空白区域，可以让页面布局更加科学合理。黑色与白色表现两个极端的亮度，黑白搭配可以表现强烈的艺术感，只要搭配得当，所体现的效果往往比彩色页更能生动地展示个性，其常用于现代派的站点中。

　　白色具有很强的亲和力，最能体现出如雪般的纯洁和柔软；而黑色透露出的神秘感，任何一种颜色都无法比拟，并且黑色还能展示出高贵的气质。通常黑色和白色用于严肃的站点。

12.5　本章小结

　　网页制作中，色彩的重要性不言自明，聪明的设计师往往不需要做过多的图片修饰，就可以让整个网页色彩鲜明、个性十足。充分合理地运用颜色，不仅能让网页比使用图片的网页下载速度快，更能让整体设计在视觉上更舒适，再配以精细的制图和网页布局以及丰富的内容，整个站点就会在众多同类网站中脱颖而出。

　　在使用色彩搭配时，注意不要将所有颜色都用到，尽量控制在三种色彩以内，分清主从关系，以免造成色彩混乱；背景和页面的文字对比度要尽量大，突出文字内容。